統計的機械学習ことはじめ

データ分析のセンスを磨く
ケーススタディと数値例

廣野元久［著］

日科技連

まえがき

　最近のデータ分析の進歩はめざましいものがあり，AI（人工知能）や機械学習・ディープラーニングといった言葉が踊っている．ここでいう進歩とは，「実務への応用が指数関数的な速度で展開されている」という意味である．ビジネスの世界で市民権を得た機械学習であるが，中身を知りたければ理屈を学ぶ必要がある．それには数理的な素養が不可欠であり，演算プロセスをトレースできる計算環境が必要となる．成書では演算プロセスの説明に Python や R などのコマンドを使った短いプログラムが示されているものが多い．例題のプログラムを参考にしてキーボードを打てば何かしらの計算結果が返ってくる．それが正しい処理かどうかは学習しないとわからない．正しい処理であっても実務に役立つとは限らない．機械に何を実現させるかは対峙している問題に対する深い洞察と専門性が必要で，データの分析ではどのような方法を選択すれば良いかを見極めることが大切である．このため，問題を解決しようとする専門家とデータ分析の専門家，加えてソフトウェア技術者の協力が欠かせない．

　機械学習では主にビッグデータを対象とするが，ビッグデータとは単にデータ量が大きい（**V**olume）だけでなく，動画や会話・文章などさまざまな種類・形式（**V**ariety）が含まれる非構造化データ・非定型的データを対象にしたものであり，さらに，日々膨大に生成・記録される時系列性・リアルタイム性のあるようなもの（**V**elocity）を指すことが多い．この性質（3V）から，ビッグデータの多くは観察データである．ビッグデータを分析する目的は，今までは管理しきれなかったために見過ごされてきた情報を記録・保管して即座に分析することで，ビジネスや社会に有用な知見を得たり，これまでにないような新たな仕組みやシステムを生み出したりして問題解決を行うことである．この目的を達成するための方法の一つが機械学習である．

　機械学習では，最初にさまざまなデータから数値化する作業である**特**

徴抽出が行われることが多い．特徴抽出には最新のソフトウェア技術が使われる．数値化されたデータは**特徴量**と呼ばれ，得られた無数の特徴量からデータ分析に必要とされる複数の特徴量を選択するプロセスは**特徴量選択**と呼ばれる．

　こうして選ばれた特徴量を使ってデータ分析を行う．データ分析では目的に合わせてデータの分類や予測などが行われる．機械学習で得られたモデルはアルゴリズムと呼ばれるが，アルゴリズムや推定されたパラメータの解釈は行われない．統計モデルとは異なり，得られたアルゴリズムは人が解釈できるような式の形では求まらない．

　ところで，問題解決には「原因を究明して，そこに手を打ち悪い結果を発生させない」ようにする原因追求型と「現象を深く観察して結果を予測することで，悪い結果を回避する」結果予測型の活動がある．

　機械学習で扱う特徴量の多くは研究対象の状態を表す結果を数値化したものであるから，そもそも機械学習は結果に影響を与える主要な要因を探し出し，要因を制御することを目的にしていない．機械学習の目的は分類や予測に役立つアルゴリズムを使って，リアルタイムに演算を行い，意思決定を支援する学習システムを構築することである．

　例えば，万引き防止を考えると，万引き犯の心理を解明して万引きという行為を撲滅するのではなく，店舗に来る人の行動や表情から特徴量を見つけ，学習を繰り返して万引き犯を事前に特定して，万引きという行為を留まらせる予測システムを構築するのである．

　本書は機械学習全体についての概要を説明することを目的にしていない．機械学習で利用される基本的なアルゴリズムについて，統計学，特に多変量解析の延長線上にある非線形な手法であると位置づけて，その概要と使い方を数値例やケーススタディを使って説明するものである．

　執筆にあたり，読者層をQC検定(品質管理検定)で2級合格を目指す技術者(実務経験があり統計学の基礎知識を有している)とした．その理由は，次世代のものづくりの中核をなす方々がもつ疑問，例えば，「機械学習で何ができるのか」「どのようなことが伝統的な統計的方法に比べて新しいのか」「統計的方法が苦手とする問題にどのように適用でき

るのか」といった点に答えることが必要と考えたからである．多くの図表(カラーの図は日科技連出版社のウェブサイトからダウンロードできる)を使って，読者が以下の①～③を達成できるよう，配慮した．

　①　17の数値例を使って機械学習の前提条件や考え方の基本を理解できる(表1)

　②　32のケーススタディを通じて機械学習が何を叶えてくれるのかを擬似体験できる(本書ではデータファイルを《……》で，特徴量(変数)を『……』で表している)(表1)

　③　統計的方法と機械学習の両者を比較することで各方法の特色を明らかにする

　ただし，本書を執筆するにあたり意識したことが2つある．1つは「PythonやRなどを使った計算例を示さない(成書やウェブサイトの記事に譲る)」ことであり，もう1つは「詳しい数理的説明をしない(研究者の成書や論文に譲る)」ことである．これらは機械学習を提供する研究者の領域であり，すでに良質な文献が多く出回っている(インターネット上には無料で読めるものさえある)からである．なお，PythonやRなどの使い手であれば，日科技連出版社のウェブサイトからケーススタディのデータ(Excelファイル)をダウンロードしてデータ分析を楽しむことができる．

　本書ではSAS InstituteのJMP Pro 15と日本科学技術研修所のJUSE-StatWorksV5機械学習編の2つを使ってデータ分析を行っている．手法名やハイパーパラメータの設定，扱える手法は2つのソフトウェアで異なるところがある(表2)．詳しくはソフトウェア開発先が主催するセミナーやウェブページを参照してほしい．

　最後に，早稲田大学の小島隆矢先生には草稿の段階から多くのアイデアを頂戴した．日本科学技術研修所の機械学習セミナー講師をされている立教大学の山口和範先生，青山学院大学の西垣貴央先生の貴重な資料からは多くを勉強させていただき，アドバイスも数多く頂戴した．友人であるデンソーの吉野睦氏と産業技術総合研究所の遠藤幸一氏には内容を詳細に添削していただき，多くの助言をいただいた．また，日本科学

表 1　本書のケーススタディ (32 個) と数値例 (17 個) の一覧表

章	題名
1	数値例①：ヒストグラムに潜むクラスの発見
	数値例②：正規混合分布を使った 2 クラス分類
	ケーススタディ①：誘発磁場の分布
	数値例③：時系列データに潜むパターンの発見
	ケーススタディ②：誘発磁場の傾向
	数値例④：散布図に潜むクラスの発見
2	ケーススタディ③：誘発磁場の等高線図
	ケーススタディ④：投手成績の等高線図
	ケーススタディ⑤：投手成績のカラーマップ
	ケーススタディ⑥：投手成績の相関関係数のカラーマップ
	ケーススタディ⑦：誘発磁場のカラーマップ
	ケーススタディ⑧：杉花粉の重回帰分析
3	ケーススタディ⑨：重要なカーネルのホールドアウト検証
	ケーススタディ⑩：杉花粉データの正則化
	数値例⑤：特徴量の次元圧縮
	数値例⑥：カーネル主成分によるクラス発見
	数値例⑦：重要なカーネル主成分の探索
	ケーススタディ⑪：誘発磁場の主成分分析
4	数値例⑧：非階層クラスター分析によるクラス発見
	ケーススタディ⑫：誘発磁場クラスター計測の k-平均法
	数値例⑨：出現可能性を使ったクラス発見
	ケーススタディ⑬：死因の分類
5	ケーススタディ⑭：鮭と鱸（すずき）の判別分析
	ケーススタディ⑮：鮭と鱸の重判別分析
	ケーススタディ⑯：金属部品の重判別分析
6	数値例⑩：判別分析の弱点
	数値例⑪：必要な個体だけを使った分類
	ケーススタディ⑰：鮭と鱸の 2 クラス分布
	数値例⑫：2 つの特徴量の高次元化
	ケーススタディ⑱：鮭と鱸の非線形 SVM
	ケーススタディ⑲：誘発磁場の非線形 SVM
7	ケーススタディ⑳：統計的な見方・考え方
	ケーススタディ㉑：良否判定を予測するロジスティック判別
	ケーススタディ㉒：ROC 曲線を使ったカットオフ値の算出
	数値例⑬：2 次ロジスティック判別
8	ケーススタディ㉓：原油成分の隠れ層とノード数の設定
	数値例⑭：グラフを見ればわかるニューロ判別境界
	ケーススタディ㉔：誘発磁場のニューロ判別
	ケーススタディ㉕：プリンタのローラ径のニューロ判別
	ケーススタディ㉖：カラー画像のニューロ判別
9	数値例⑮：簡単な予測
	ケーススタディ㉗：住宅価格予測のニューラルネットワーク
	ケーススタディ㉘：時系列データを予測するニューラルネットワーク
	数値例⑯：木モデルを使った判別境界
	数値例⑰：決定木を使った予測
10	ケーススタディ㉙：糖尿病患者の症状進行予測
	ケーススタディ㉚：クレジットリスクを求めるランダムフォレスト
	ケーススタディ㉛：アルゴリズムのコンテスト
	ケーススタディ㉜：アンサンブル学習による体脂肪率の予測
	—

表2　本書の表記と使用したソフトソフトウェアの表記の対応表

章	本書の表記	JMP の表記	JUSE-StatWorks の表記
1	正規混合分布	正規混合	密度プロット
	AICc	—	—
	カーネル平滑化	カーネル平滑化	
	等高線図	密度等高線図	等高線図
	メッシュプロット	メッシュプロット	
	カラーマップ	カラーマップ	
2	重回帰分析	標準最小2乗 ステップワイズ法	重回帰分析
	予測判定グラフ	予測値と実測値のプロット	予測判定グラフ
	評価(用)データ	テスト(用)データ	評価(用)データ
	正則化回帰分析	一般化回帰	正則化回帰
3	主成分分析	主成分分析	主成分分析
	カーネル主成分分析	—	カーネル主成分分析
4	*k*-平均法	*k* means クラスター分析	*k*-means 法 (マハラノビス汎距離)
	正規混合法	正規混合	混合ガウス分布
5	判別分析	判別分析	判別分析
6	サポートベクターマシン	サポートベクトルマシン	サポートベクターマシン
7	ロジスティック判別	名義ロジスティック	ロジスティック回帰分析
	混同行列	混同行列	誤判別表
	的中率	—	再現率
	感度/特異度	混同行列	適合率
8	ニューロ判別	ニューラル	—
9	ニューラルネット	ニューラル	—
10	決定木分析	パーティション[1) (G^{2}を表示)	多段層別分析
	ランダムフォレスト	ブートストラップ森	ランダムフォレスト (誤分類率を表示)

1)　パーティションは厳密には CHAID のアルゴリズムではない.

技術研究所の犬伏秀生氏と SAS Institute Japan の岡田雅一氏にはソフトウェアを提供する立場からソフトウェアの使い方などを指導していただいた．ここでは名前を挙げなかったが，筆者と縁ある多くの方々の叱咤激励がなければ到底，完成に辿り着くことはできなかったと思う．心より感謝を申し上げたい．

　出版に際しては，予定より大幅に遅れても励まし続けていただいた日科技連出版社の田中延志氏にこの場を借りて御礼を申し上げたい．また，PC を前に渋い顔をして原稿を書いている筆者を終始和ませてくれた妻，峰子にはいつもながら頭の下がる思いである．

　本書は伝統的な統計的データ分析の視点から対岸にある機械学習を眺めた内容になっているが，統計的品質管理と機械学習の架け橋になればという思いとともに読者が機械学習の知識を知恵に変えて，ビジネスに活用していただく一助となれば幸いである．

　2021 年 8 月　コロナ禍の中だからこそ，愛で世界が満たされますように

廣野　元久

目　　次

コラム一覧

ダウンロード案内

　本書の各ケーススタディで使用したデータおよび各図のカラー版は日科技連出版社のウェブサイト（https://www.juse-p.co.jp/）からダウンロードできます．トップページ上部タブの「ダウンロード」から検索しウェブブラウザに表示される該当書名をクリックすると「ダウンロード」ボタンが表示されます．それをクリックすれば，IDとパスワードを要求されますので，下記のIDとパスワードを入力後，ダウンロードできます．

　　ID　　　statistical
　　パスワード　　ML2021

注意事項

- 上記の方法でうまくいかない場合は，reader@juse-p.co.jp までご連絡ください．
- 著者および出版社のいずれも，ダウンロードデータを利用した際に生じた損害についての責任，サポート義務を負うものではありません．
- 「ケーススタディデータ」および「各図のカラー版」の著作権は著者にあります．利用に当たっては，本書の購入者または購入者の所属する組織内でのみ使用を許諾します．許可のない外部公開や営利目的での使用は禁止します．

第1章 ビッグデータの可視化

> 宮本武蔵は「見るということに観と見の2つがある」と言い，普段の見の目と心眼ともいうべき観の目を区別していた[1]．データ分析の鉄則は「データをグラフにして観の目で眺める」である．本章ではビッグデータに潜む，旧来法では見逃されてしまうような特徴的なパターンを発見するために役立つグラフを紹介する．

1.1 統計学と機械学習

　機械学習では統計学で扱う用語と異なる言い回しをする．本書で扱う主な用語を整理したものを表1.1に示す．なお，使用するソフトウェアによって，固有の記号や用語が使われるので注意されたい．実は，統計学の視点でいえば機械学習も多変量解析の一部である．多変量解析とは複数の特徴量を同時に使ってデータ分析を行う手法の総称だからである．一方，機械学習の視点でいえば実装するアルゴリズムには多変量解析の手法が含まれる．機械学習では従来の多変量解析に加え，発展形ともいえる非線形モデルを扱ったアルゴリズムが日々提唱され発展がめざましい．本書で扱う機械学習のアルゴリズムと多変量解析とを比較したものを表1.2に示す．

　ところで，データの収集能力が乏しかった時代では，研究対象を網羅するようなデータを集めることができなかった．このため，研究対象のデータの源となる母集団を考えたのである．図1.1に示すように，母集団に関する統計仮説を考え，標本としてスモールデータを収集し，データ分析を行い，統計的仮説検証を行ったのである．データを集める際に

---

1) 宮本武蔵の言葉は小林秀雄が伝えたもので，大谷大学のウェブサイトに紹介されている．ここには「観とは智慧のことである」との記載もある（http://www.otani.ac.jp/yomu_page/kotoba/nab3mq0000000m0l.html）．

表1.1　統計学と機械学習で使われる主な言葉の比較

機械学習	統計学	意味
ビッグデータ	—	巨大な数値データという意味だけでなく，動画や会話など多様な種類のデータを扱い，その発生頻度・更新頻度の多さも要素にもつ.
スモールデータ	大標本	スモールデータといえども大標本程度のデータ量を有している場合も多い．統計学では $n \leq 30$ のデータは小標本と呼ばれる.
特徴量	変数	アルゴリズムを実証するために用いる数値で表現されたデータ列のことで，機械学習では生データをカーネル関数などを用いて変換したものを指す場合が多い.
学習	分析	モデルを求めるためのプロセス，あるいは得られたアルゴリズム.
アルゴリズム	手法	モデルを作るためのロジック，例えば回帰分析.
教師あり学習	外的基準ありの分析（教師ありの分析）	外的基準をもった分類や予測の手法群で，例えば回帰分析や判別分析など.
教師なし学習	外的基準なしの分析（教師なしの分析）	外的基準をもたない分類の手法群で，例えば主成分分析やクラスター分析など.
入力，インプット	説明変数	予測に用いる特徴量.
出力，ターゲット	目的変数	予測したい特徴量で，応答とも外的基準ともいう.
クラス	群	顕在的，あるいは潜在的に認められるサブ集団.
ハイパーパラメータ	パラメータの制約	分析者自身で定める必要があるため，超パラメータと呼ばれる.
異常検知	外れ値解析	多数の個体とは振る舞いが異なる個体を検出する技術.
次元圧縮	次元の縮約	多次元のデータ空間を少数次元で表す技法.
バイアス	切片	求めたモデルの定数項.
重み	係数	モデルの定数項以外の特徴量に掛けるパラメータ.
学習データ	学習データ	モデルを作るためのデータ.
検証データ	検証データ	得られたモデルを検証するためのデータ.
過学習	過剰適合	学習を繰り返してパラメータを増やしても，ある学習回数を超えると推定精度が低下する状態を指す言葉（データに過剰にフィットするように多数のパラメータを使ったモデルは，未知のデータに対する予測が悪いことが起きる）.
汎化性能	普遍性(不偏性)	学習データにはない未知の領域のデータに対しても高い精度で予測できる性能.
クロスバリデーション	クロスバリデーション	データを無作為にいくつかに分割し，モデルの推定・選択・評価をそれぞれ異なるデータで行う技法.

表1.2　機械学習と多変量解析の比較

分類	教師あり	教師なし
目的	予測と判別 • 未知の結果について，利用できる過去の情報を使って知ろうとすること	分類や構造探索 • 多変量の情報を使い，類似のパターンを発見すること • 現象の背景にあるデータ構造を探索すること
(A) 多変量解析	①重回帰分析 ②判別分析 ③ロジスティック回帰分析 ④ロジスティック判別 ⑤決定木	①主成分分析 ②非階層クラスター分析 　（k–平均法）
(B) 機械学習	① Lasso 回帰分析 ②ニューロ判別 ③ニューラルネットワーク ④ SVM（サポートベクターマシン） ⑤ランダムフォレスト	①カーネル主成分分析 ②混合正規分布
(A)⇒(B)の メリット	①変数 p ＞個体 n や多重共線性に対応 ②汎化能力の向上 ③推定精度の向上 ④汎化能力の向上 ⑤複雑な構造の判別境界に対応	①複雑な構造のデータに対応 ②各クラスターの所属確率の取得

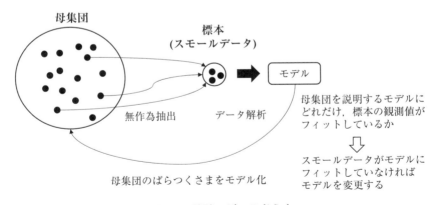

図1.1　統計モデルの考え方

は，選択バイアスを取り除くため，できるだけ偏りなく母集団を再現する工夫が必要であった．データに偏りがあると母集団全体の特徴を示す

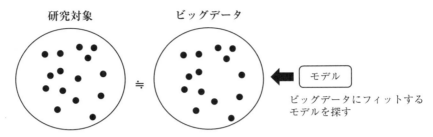

図 1.2　機械学習の考え方

結果が得られないため，統計仮説を検証したことにはならないのである．

　今日，研究対象を網羅するようなビッグデータが簡単に手に入るようになった．図 1.2 に示すように母集団から標本を選ぶプロセスの重要性は弱まり，データ量の多さから統計的検定は無力化される．データは「研究対象をほぼ網羅した要素の集まり」と考えられるからである（実際はそう言い切れないケースも多い）．ここで，データの収集が広範囲に及ぶ場合は研究対象が 1 つのクラス（あるいは 1 つの確率分布）で表されると考えるのは現実的ではない．ビッグデータに潜む複数のクラスのパターンをどう発見し，どうモデリングするかを考えることが重要になる．

　なお，ビッグデータの多くは観察研究向きであり，因果へのアプローチにおいては，研究対象をほぼ網羅している保証がないので，実験研究に向いたデータ収集が必要である．

■コラム 1：機械学習に標本抽出の考え方は必要か

　多変量解析は基本的には研究仮説の下で母集団から無作為に抽出した標本の観測値を対象とした統計的方法である．このため，標本誤差を抜きにモデル（分析結果）は語れない．一方，機械学習は対象の集団をほぼ網羅していると思われる膨大なデータにフィットするモデルをどう見つけるかを考える．このため，機械学習では「標本抽出」という概念が希薄となる．膨大なデータを扱う機械学習であるが，分析者は扱うデータは本当にデータ収集の偏りがないこと（網羅性の保証）を確認する必要がある．

1.2 データの可視化

ビッグデータは動画・会話などの時系列データなどさまざまである.
研究対象の特徴を示すデータを数値化したもの,あるいは数値化するための技術やプロセスは**特徴抽出**と呼ばれる.生データをそのまま機械学習で扱うモデルの**入力**に使うことは稀である.先行研究や今までの経験を活用して特徴抽出された無数の特徴量から入力として使う特徴量を取捨選択する.このようなプロセスは**特徴量選択**と呼ばれる.このとき,生データに対して変数変換や変数合成なども行われる.このような前処理は**特徴量エンジニアリング**と呼ばれる.統計学でも分析の前処理で得られたデータから,分析で扱う変数の選定や変数変換などが行われているが,機械学習では膨大な特徴量から p 個の特徴量に絞り込むプロセスは特に重要な仕込み作業である.

そのためのデータの吟味にはグラフを使った可視化が役立つ.スモールデータの可視化に使われるグラフは**ヒストグラム・折れ線グラフ・散布図・散布図行列・層別グラフ**などがある.一方,ビッグデータでは顧客の行動情報やサービス利用状況など市場の結果系の項目や,工場の操業状態を表す結果系の特徴量を多く含む.分析者が制御できる特徴量(原因系の特徴量)はそう多くない.しかも,個体ごとに観測された状態はさまざまである.機械学習の主な目的は,介入(管理や制御)ができない特徴量が多く含まれているデータから予測や分類を行うシステムを作ることである.このため,データに潜むパターンを発見することが重要となる.わずか2つの特徴量(x_1とx_2)で散布図を描く場合でも,正規分布を仮定した状態は期待できない.データの可視化には散布図に潜むクラスのパターンを見つけることが求められる.隠れたパターンを見つけるには,個々の値を打点するよりも,領域内にあるデータの密度に着目したほうが見通しはよくなる.個体数 n が増えると多くの打点が重なってしまうため,打点ではデータが疎の部分と密の部分の見分けがつかなくなる.加えて,データの収集範囲も広がるため非線形な扱いも必要となる.

1.3　正規混合分布

　スモールデータではデータの吟味に**ヒストグラム**を使う．ヒストグラムは，データ範囲に対して適当な大きさで**級の数**(ビン数)と**級の幅**を決め，各級の幅に入る個体の数を計算し，複数の棒グラフの集合体で分布を可視化する方法である．ヒストグラムはデータ全体のばらつきを観察し母集団を推定するのに役立つ．また，ヒストグラムの形からデータが単一の母集団から得られたものかどうかなども考察する．

　一方，機械学習で扱うデータはさまざまな条件や制約のなかで観測されたものが含まれている．「単一のクラスからデータが集められた」と考えることは稀で，「複数のクラスからデータが集められた」と考えたほうが自然である．このため，ヒストグラムのなかに潜むクラスを発見できる道具が必要になる．

1.3.1　【数値例①：ヒストグラムに潜むクラスの発見】

　《正規混合》[2]には個体数が $n=10000$ のデータが『y』として記録されている．『y』は信号として平均と分散の異なる5つの正規乱数を混合したデータで，それぞれにノイズとして平均$\mu=0$，分散$\sigma^2=25$の正規乱数を加えた人工的なデータである．**図1.3**は『y』のヒストグラムと左から順に，単一正規分布・2重正規混合分布・3重正規混合分布・5重正規混合分布の密度曲線をあてはめたグラフである．（多重)**正規混合分布**のあてはまりのよさは**適合度指標**で判断する．適合度指標には**対数尤度**や$AICc$などがあり，その値は小さいほどよいあてはまりであることを示している．数値例①では，5重正規混合分布の$AICc$が最小であるから『y』のデータ構造を見抜いている．

　次に，《正規混合》から無作為に100・200・500・1000個のサブセットを選び，級の幅と級の数を固定したヒストグラムと5重正規混合分布を描いたものが**図1.4**である．図の右端の数字が全体($N=10000$)で計

---

　[2]　本書では以降，データファイルを《……》で，特徴量(変数)を『……』で表している．

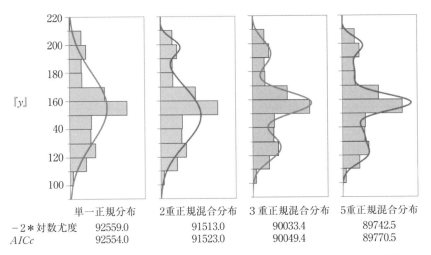

	単一正規分布	2重正規混合分布	3重正規混合分布	5重正規混合分布
−2＊対数尤度	92559.0	91513.0	90033.4	89742.5
AICc	92554.0	91523.0	90049.4	89770.5

図 1.3　『y』のヒストグラムに異なる多重正規混合分布をあてはめた結果

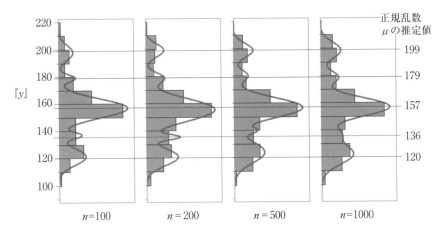

図 1.4　《正規混合》のサブセットに対するヒストグラムと 5 重正規混合分布

算した 5 つのクラスの平均である．ヒストグラムは柱のデコボコが気になるが，標本数がある程度大きければ正規混合分布の曲線はよいあてはまりを示す．

ところで，**図 1.4** で確認したように一変量の分布を調べる場合は，個体数が大きくなるほど，ヒストグラムに曲線を追記することで分布の形状が明確になる．個体数が増えると，ヒストグラムよりも曲線のほうが

分布の姿を把握しやすい．逆に，正規混合分布は個体数が少ない（目安として $n \leq 100$）とパラメータの推定精度が悪くなる．このため，ヒストグラムと正規混合分布を併用することでグラフの誤った解釈を防ぐことができる．

■コラム2：ヒストグラムは級の数と幅で形が変わる

　ヒストグラムは分布の姿を調べるために有用なグラフであるが，級の数や幅を変えると姿が変わってしまう．図1.5は $n=500$ のサブセットを使って，級の数と幅を変えた4つのヒストグラムである．級の数と幅を変えることで，ヒストグラムの印象が異なる．一方，5重正規混合分布の曲線はヒストグラムの級の数や幅によらずデータから直接計算されるので形は変化することはない．図1.5で確認されたい．

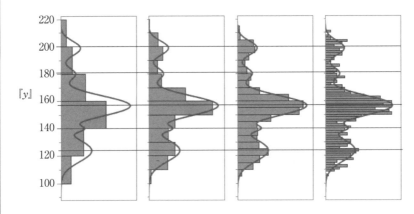

図1.5　《正規混合》のサブセット（$n=500$）で級の数と幅を変えた4つのヒストグラムと5重正規混合分布

1.3.2　正規混合分布の考え方

　ヒストグラムは分布の確率密度を推定する最も単純なモデルである．《正規混合曲線の表示》のデータは図1.6に示すように，ヒストグラムの級の中心を a_i（$i=1$, 2, $\cdots$, k：k は級の総数）とすると，各 a_i を直線で

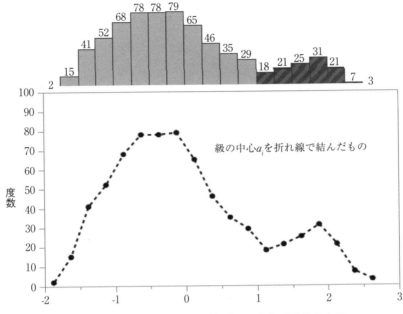

図1.6 ヒストグラムに折れ線グラフをあてはめたもの

結んだ折れ線グラフを作ることができる.

　一方,正規混合分布では分析者がヒストグラムから発見したコブ(山の頂上)を数えて,何個の分布を混合すればデータにフィットした曲線が得られるかを考える.複数の正規分布の確率密度を加え合わせると,結果として滑らかな曲線が得られる.

　ここでは,2つの正規分布の混合モデルを考える.求めるパラメータは2つの正規分布の母平均と母分散,$N(\mu_1, \sigma_1^2)$,$N(\mu_2, \sigma_2^2)$,そして,2つの正規分布の重みπ_1とπ_2である.まず,データを昇順に並べ替える.次に,並べ替えた値を使って正規分布の密度曲線を描く.この場合のモデルは,

$$\pi_1 \cdot \Phi\left[\frac{(y-\mu_1)}{\sigma_1}\right] + \pi_2 \cdot \Phi\left[\frac{(y-\mu_2)}{\sigma_2}\right] \tag{1.1}$$

である.求めるパラメータの推定値に適当な初期値を与え,最尤法でパラメータの推定を行う.《正規混合曲線の表示》のデータからは,式

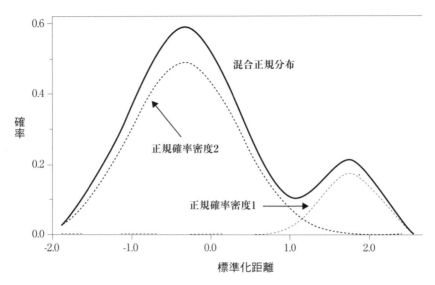

図 1.7　2 つの正規分布の確率密度関数と，それを混合した曲線

（1.2）に示したモデルが得られる．ここで，Φ（・）は正規分布の確率密
度である．なお，式（1.2）は各a_iの頻度に対して曲線をあてはめたもの
ではなく，各観測値を使って推定されたものであることを理解してほし
い．

$$0.22 \cdot \Phi\left[\frac{(y-1.76)}{0.35}\right] + 0.62 \cdot \Phi\left[\frac{(y+0.35)}{0.70}\right] \tag{1.2}$$

図 1.7 の曲線は式（1.2）を使って求めたものである．正規確率密度 1
の曲線が式（1.2）の第 1 項を使って作られたもので，正規確率密度 2 の
曲線が式（1.2）の第 2 項を使って作られたものである．この 2 つの曲線
を加えたものが太い実線で描かれた曲線で，式（1.2）全体を表すものに
なる．このように複数の正規分布の確率密度を足し合わせることで，複
雑な曲線を描くことができる．なお，図中の正規混合分布の曲線は個々
の確率密度曲線に重ならないように 1.2 倍の大きさで表示されている．

1.3.3　【数値例②：正規混合分布を使った 2 クラス分類】

　正規混合分布を使ったクラスの分類の様子を数値例で示す．《2 クラ

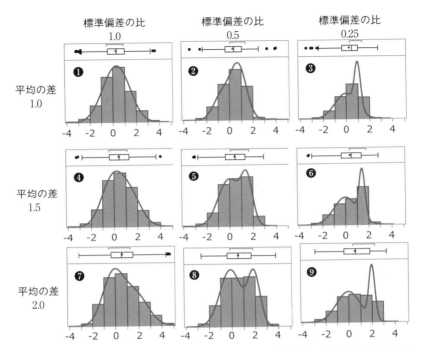

図 1.8 n=1000 の正規乱数から μ と σ を動かした場合の 2 クラス分類の様子

ス正規混合》には，1000 個の正規乱数が 9 つのデータ列で記録されている．各列の 30% は平均 0，標準偏差 1 の正規乱数 c_1（クラス 1）で作成され，残りの 70% は正規分布の μ と σ のパラメータを変えた正規乱数 c_2（クラス 2）で作成されている．このファイルには残念なことにクラスの違いを示す情報は記録されていない．

各データ列（❶〜❾）の箱ひげ図・ヒストグラム・2 重正規混合分布で求めた確率密度曲線が図 1.8 に示されている．各データ列のパラメータの真値は，表 1.3 の第 1 列〜第 4 列に，5 列以降に 2 重正規混合分布のパラメータ推定値が示されている．

ヒストグラムからはデータに 2 つのクラスが隠されていることは発見できない．2 重正規混合分布で求めた確率密度曲線は❻・❽・❾のように，μ と σ，あるいはその両方の差異が大きければ曲線からクラス分けが可能であるが，❶や❹のように差異が小さい場合は見分けがつきにく

表1.3　数値例②の真値と2重正規混合分布の推定値

	μ_1真値	μ_2真値	σ_1真値	σ_2真値	μ_1推定	μ_2推定	σ_1推定	σ_2推定	c_2割合
❶	0	1	1	1	-0.26	0.823	1.0104	0.9798	0.48
❷	0	1	1	0.5	-0.611	0.815	0.7364	0.6768	0.35
❸	0	1	1	0.25	-0.048	1.008	0.9337	0.2572	0.68
❹	0	1.5	1	1	-0.127	1.404	0.962	0.9595	0.62
❺	0	1.5	1	0.5	0.002	1.521	0.9775	0.7041	0.7
❻	0	1.5	1	0.25	0	1.465	1.003	0.2522	0.7
❼	0	2	1	1	-0.2	1.719	0.9064	1.0779	0.57
❽	0	2	1	0.5	-0.096	1.923	0.9321	0.5206	0.66
❾	0	2	1	0.25	-0.021	2.03	1.0335	0.2576	0.7

注)　上から順に図1.8の❶〜❾の真値と推定値を示している.

いことがわかる．しかし，表1.3に示された値から，❷と❸の割合を除けばパラメータの推定値は2つのクラスの特徴を言い当てている．このように正規混合分布を適用することで，ヒストグラムでは発見しにくい複数のクラスの分類が可能となる.

1.3.4 【ケーススタディ①：誘発磁場の分布】

《誘発磁場》には，ある健常者の脳の反応を見るために，外部からの刺激を受けた脳の磁場データが記録されている．脳の健康状態を調べるには脳磁計が使われる．脳磁計は約200のセンサを使い，脳全体の磁場を計測できる装置である．ケーススタディ①では，『＃11』箇所と『＃37』箇所から得られたデータを使い，磁場分布の確認を行う．データは観測時間順に並んでおり，$(n=)$714回計測されたもので，平均0，標準偏差1に標準化されている.

　図1.9は，『＃11』『＃37』のヒストグラムと正規混合分布の曲線を表したものである．図の(a)の曲線は単一の正規分布を，(b)の曲線は2重正規混合分布をあてはめたものである．どのモデルのあてはまりがよいかは，AICcの重みで評価する.

　図1.9の左図は『＃11』のヒストグラムで，左右非対称で値の大きい側に裾を引いている．飛び離れた個体は認められないが，2つの分布

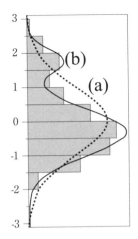 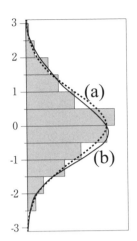

分布		AICc	AICc 重み分布
2 重正規混合	——	1897.5212	1.0000
正規	·····	2029.2611	0.0000

		AICc	AICc 重み
正規	·····	2029.2611	0.7147
2 重正規混合	——	2031.0978	0.2853

図 1.9 『＃ 11』(左) と『＃ 37』(右) の磁場データの正規混合分布のあてはめ

が混合しているように見える．図の AICc の重みから，単一正規分布の AICc の重みが 0.0000 に対し 2 重正規混合分布のそれは 1.0000 であるから，2 重正規混合分布のほうがデータによくフィットしている．

　図 1.9 の右図は『＃ 37』のヒストグラムである．こちらは，単一正規分布に従っているように見える．単一正規分布の AICc の重みが 0.7147 に対して 2 重正規混合分布のそれが 0.2853 であるから，単一正規分布のほうがデータによくフィットしている．このように，AICc の重みから，いくつのクラスから得られたデータなのかを推定できる．

■コラム 3：*AICc* とは何か

　AICc は適合度指数の 1 つで，$AIC + 2k(k+1)/(n-k-1)$ で計算する．このとき，k はパラメータ数，n は個体数，*AIC* は $AIC = -2\ln(L) + 2k$ であり，L はモデルの最大尤度である．また，*AICc* の重みは検討している複数のモデルの *AICc* の合計が 1 になるように *AICc* の値を正規化したもので具体的には，

$AICc$ の重み

$$=\exp\left\{-\frac{1}{2}[AICc(i)-\min(AICc)]\right\}\bigg/\sum_{j=1}^{J}\exp\left\{-\frac{1}{2}[AICc(j)-\min(AICc)]\right\}$$

で計算する．ここで，$\min(AICc)$ はあてはめたモデルのなかで最も小さい $AICc$ 値である．このため，$AICc$ の重みをあてはめた複数のモデルのいずれかが真である場合に，特定のモデルが真である確率と解釈でき，$AICc$ の重みが 1 に最も近いモデルが良いモデルを意味する．

1.4　カーネル平滑化

　データが観測時間順に並んでいたり，データに観測時間の情報があったりする場合は，ヒストグラムを作成する前に時系列の傾向を調べることが重要である．スモールデータの場合は折れ線グラフで時系列の傾向を調べるが，ビッグデータの場合には非線形な傾向を調べる工夫が必要になる．

1.4.1　【数値例③：時系列データに潜むパターンの発見】

　図 1.10 の上図は，《体重》に記録されているある人の 3 カ年（$n=$ 1,095）の体重の推移を**折れ線グラフ**にしたものである．図には平均線と 63kg と 67kg の管理線が引かれている．このグラフから 200 日目〜800 日目までの体重は比較的安定しているが，800 日以降は徐々に体重に増加傾向が見られる．この折れ線グラフに対して滑らかな傾向線を引くことを考える．

　先にデータの種明かしをする．このデータは信号として 65kg を起点に時点 $t=250$, 500, 750 に山頂と谷底をもつ 3 次関数に時点 $t=200$, 500, 1200 を頂点にもつ正規分布を混合し，ノイズとして正規乱数を加えた擬似的な体重のデータである．折れ線グラフに 3 次関数をあてはめた結果が**図 1.10** 下図の細線に示す 3 次曲線である．時点 $t=200$ 以前と

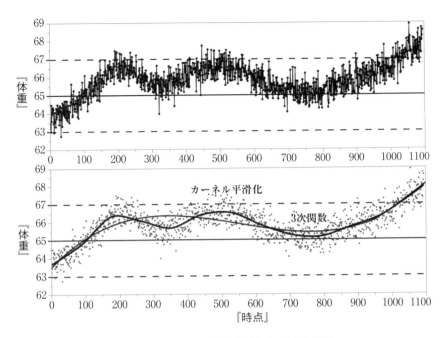

図 1.10　3 カ年の体重(擬似データ)の推移

時点 $t=800$ 以降は 3 次関数のあてはめが成功している．しかし，時点 $t=$ 200〜800 では打点が波打っており，3 次関数のあてはめは精度不足である．

　一方，下図の複雑な太線の曲線は**カーネル平滑化**で得られた曲線である．このデータに対するカーネル平滑化は打点の頂点を考慮して，複数の正規分布の確率密度に異なる定数をかけた値(ガウス関数)の総和を滑らかな曲線で表したものである．カーネル平滑化曲線の山の頂点は $t=$ 200 と $t=500$ の近くに現れている．カーネル平滑化曲線はデータによくフィットしており，データ全体の傾向を表したものになっている．

1.4.2　カーネル平滑化の考え方

　カーネル平滑化は正規曲線以外にも，さまざまな重み関数が用意されている．どのような関数を使うかは分析者が決める必要がある．平滑化のアイデアはデータ全体からいくつかの点を選んで，局所的に重みをつけて，直線や 2 次式といった単純な回帰モデルを次々にあてはめている

点にある．回帰モデルの次数は $\overset{\text{ラムダ}}{\lambda}$ で表すことがある．$\lambda=0$ は平均，λ $=1$ は 1 次式，$\lambda=2$ は 2 次式を意味する．この局所的な重み付き回帰は提案された当初の名前である **lowess** と呼ばれる．lowess とは，locally weighted scatterplot smoother（局所重み付き散布図平滑化）が由来で，得られた局所的な回帰モデルをデータ全体が滑らかな曲線になるようにつないだものである．

　図 1.11 は，上記の説明を可視化するために，局所的な部分としての仮想的な 3 点を使って，カーネル平滑化の概要をグラフで表したものである．❶は $(x,\ y)$ の 3 点に対して，平均・1 次式・2 次式をあてはめたグラフである．これらは顕在的な傾向をモデル化したものである．❷は 1 次式と，1 次式に平均 1，標準偏差 0.45（$x=1$ の点が中心）の正規確率密度曲線に定数倍した値を加えた曲線を示したものである．❸は❷に加

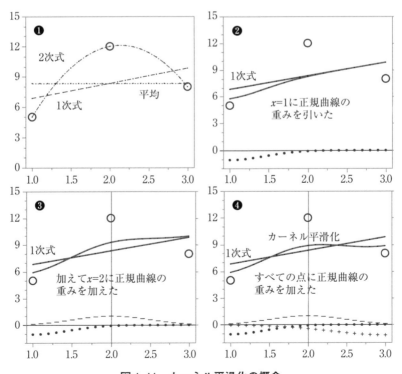

図 1.11　カーネル平滑化の概念

えて，平均2，標準偏差0.5の正規確率密度に定数倍した値を加えた曲線を示したものである．❹は❸に加えて，平均3，標準偏差0.7の正規確率密度に定数倍した値を加えた曲線を示したものである．すなわち手作業でカーネル平滑化に近い曲線を示したものである．各点に複数の正規確率密度関数の定数倍を重みとして加え合わせることで，自由自在な曲線を表すことができる．傾向線に重み関数を加えることで，潜在的な傾向をモデル化できるのである．❶～❹のプロセスを理解することで，上記で説明したLowessの考え方のイメージが湧くであろう．

　また，平滑化ではαとδ（デルタ）の2つの**ハイパーパラメータ**を設定する必要がある．αを大きくすると曲線の滑らかさが増す．δはどのくらいのパラメータを使うかの指標で，通常は0～0.20の値を使用する．δを小さくするとパラメータ数が多くなる．ハイパーパラメータは分析者が決める必要があるが，JMPではグラフを眺めながらスライダーを使って，ハイパーパラメータの値を決めることができる．

　さらに，カーネル平滑化の適合度は**寄与率** R^2 と**残差平方和**(SSE)で評価される．これらの値は，平滑化曲線をその他のモデルや別の平滑化曲線と比較するのに役立つ．R^2はデータの全変動のうち平滑化によって説明されている割合を意味し，1に近いほどよいあてはまりを示す．SSEは各点から当てはめた曲線までの距離の平方和を計算した値である．これは，あてはめたモデルで説明できていない残差の大きさを表している．

1.4.3 【ケーススタディ②：誘発磁場の傾向】

　ケーススタディ②では再び，《誘発磁場》のデータを使って，『#11』と『#37』の時系列の傾向を調べてみよう．**図1.12**は時系列グラフにカーネル平滑化曲線をあてはめて，上下に『#11』と『#37』の結果を並べたものである．また，グラフ右端にヒストグラムを加えてある．打点は複雑な動きをしており，カーネル平滑化によりデータに追従した滑らかな曲線で全体的な動きを理解することができる．

　ケーススタディ②では局所的なあてはめに$\lambda=2$を使い，重みにガウ

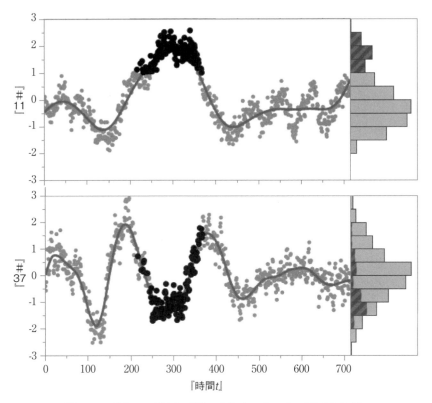

図1.12　『＃ 11』（上）と『＃ 37』（下）のカーネル平滑化曲線

ス関数を用いている．『＃ 11』では**ハイパーパラメータ**を $\alpha = 0.29$, $\delta = 0$ と設定している．『＃ 37』ではハイパーパラメータを $\alpha = 0.09$, $\delta = 0.05$ と設定している．2つのカーネル平滑化の曲線の寄与率は，それぞれ，0.80 と 0.78 である．『＃ 11』の時系列グラフから，一変量の分布で発見した大きい値をもつクラス（図の強調部分）は他の測定区間と異なる動きをしている．異なる動きとは，この区間だけに『＃ 11』と『＃ 37』とに**負相関**が読み取れることである．実は，この区間は脳が外部からの刺激に反応した時点でセンサ位置でもある『＃ 11』と『＃ 37』付近で神経活動が活発化してダイボール（正と負の極）が発生していたのである．つまり，刺激に正常に反応した脳の位置が推定されたのである．

■コラム 4：時系列の分析はデータ範囲で見た目が変わる

　図 1.12 上の『# 11』のグラフのデータ範囲を狭めて，$t=$ 245〜355 時点を抜き取って表示したものが図 1.13 である．データ範囲を狭めると，あてはめた曲線や折れ線の見た目が大きく変わる点に注意してほしい．

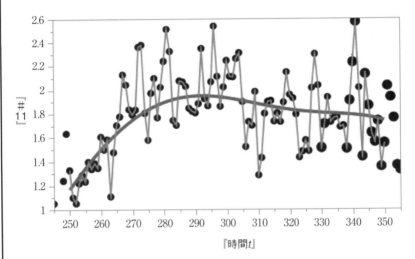

図 1.13　『# 11』の $t=245$〜355 時点を切り出した折れ線とカーネル平滑化曲線

1.5　（密度）等高線図

　スモールデータであれば，**散布図**を使えば相関の状態や外れ値の存在，複数のクラスが隠れていないかなどを確認できる．しかし，ビッグデータの場合は 2 つの特徴量の関係を散布図で調べるには限界があり，散布図の代わりとなるツールが必要である．それが（密度）**等高線図**である．

1.5.1　【数値例④：散布図に潜むクラスの発見】

　図 1.14-Ⓐは《層別散布図》に記録された特徴量『X』『Y』の相関を

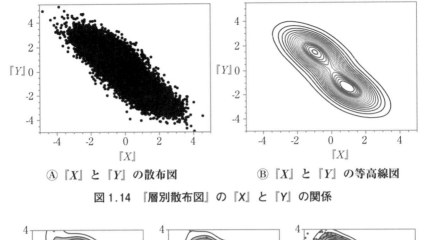

Ⓐ 『X』と『Y』の散布図　　Ⓑ 『X』と『Y』の等高線図

図1.14　『層別散布図』の『X』と『Y』の関係

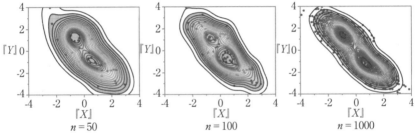

図1.15　個体数を変えた場合の『X』と『Y』の等高線つきの散布図

調べるために描いた散布図である．散布図からは強い負の相関関係($r =$ -0.87)が読み取れる．このグラフには $n = 10000$ の観測値が打点されている．一方，**図1.14**-Ⓑは『X』と『Y』の平面に観測点の出現密度で等高線を描いた**等高線図**と呼ばれるグラフである．このグラフから左図の散布図では見えなかった2つのクラスを発見することができる．

　また，**図1.15**は《層別散布図》の $N = 10000$ から，$n = 50,\ 100,\ 1000$ の個体を無作為に選び出し，『X』と『Y』の散布図に等高線図を重ねたグラフである．3つのグラフを比べると，このデータからだと個体数が増えるほど散布図からのクラス発見は難しくなる一方で，等高線図からの発見は簡単になることがわかる．

1.5.2 等高線図の考え方

単純な等高線はデータの背後に正規分布を仮定して**確率楕円**を作ることである．例えば，信頼率を 10% 刻みで変えて複数の確率楕円を表示させれば等高線図となる．この方法はデータの背後に確率分布を仮定しているので**パラメトリックな方法**と呼ばれる．一方，背後に確率分布を仮定しない等高線図は**ノンパラメトリックな方法**と呼ばれる．こちらは分布を仮定しない代わりに平面上に細かいメッシュを切り，そのなかに入る観測点を数えて密度に換算した値で等高線を描く．密度が計算できれば，その値に対してカーネル平滑化を行い，滑らかな等高線を描くことができる．

カーネル平滑化で用いる重み関数にガウス関数を使うと，その標準偏差 σ で局所的な重みを加える範囲を区切ることができる．σ の値を小さくするとそのなかに入る観測点も少なくなり，結果として重み関数はスパイク状になるため細かく複雑な等高線が得られる．標準偏差を大きく

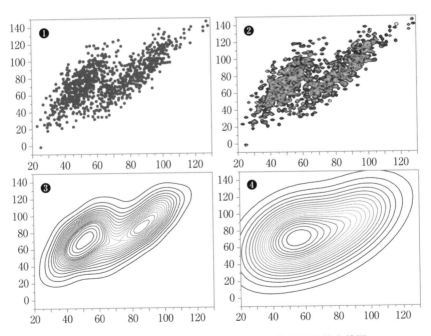

図 1.16 《散布図》のデータで作成した散布図と等高線図

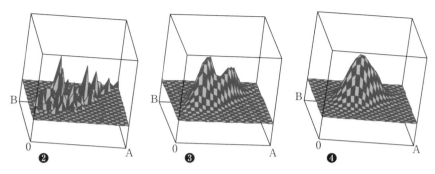

図1.17　《散布図》のデータで作成したメッシュプロット

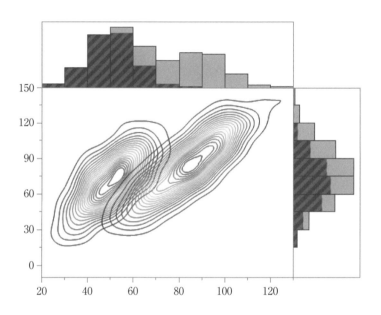

図1.18　《散布図》の教師ありデータでクラス分けした等高線図

するとスムーズな曲線の等高線が得られる.

　図1.16は《散布図》に記録されているデータに対して，❶は散布図，❷〜❹は標準偏差を少しずつ大きくした等高線図を表したものである.また，図1.17は図1.16の❷〜❹で得られた密度を3次元で表した**メッシュプロット**である.ハイパーパラメータである標準偏差にどのような値を与えるかにより等高線図の様子が変わる.ハイパーパラメータの値

をいろいろ変えて等高線とメッシュプロットでデータの疎と密な様子を
確認するとよい.

　ところで,《散布図》のデータにはクラスの違いを説明する特徴量,
『クラス』が記録されている.『クラス』を使って層別した等高線図を図
1.18 に示す.クラス分けすることで,パターンの違いが等高線図で鮮
明になる.この図はクラス分けする特徴量を使っているので,**教師あり
データ**を使った等高線図である.一方,**図 1.16-❸**はクラス分けする特
徴量を使わずに,データそのもののばらつきから 2 つのクラスを発見し
た等高線図である.クラス分けに使う特徴量がないので**教師なしデータ**
を使った等高線図である.

1.5.3 【ケーススタディ③：誘発磁場の等高線図】

　ケーススタディ③では《誘発磁場》の『＃ 11』と『＃ 37』の相関の
状態を調べてみよう.散布図や等高線図を使って,クラス分けが必要か
どうかを判断するのである.図 1.19 は『＃ 11』と『＃ 37』の散布図で
ある.左図は散布図に（二変量正規分布を仮定した）確率楕円（50%・
75%・90%・95%）を追記したものである.本ケースのように,$n=$
1000 程度であれば散布図の全体が黒塗りになることは少ない.しかし,
確率楕円を追記した副作用で複数のクラスを見つけることが難しくなっ
た.一方,右図は 2 次元でカーネル平滑化を行った後の等高線図である.

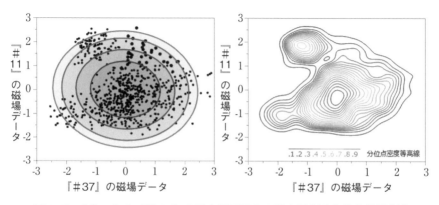

図 1.19　『＃ 11』と『＃ 37』の確率楕円付きの散布図（左）と等高線図（右）

右図から3つの山が発見できる．これは，散布図では発見することができない知見である．

1.5.4 【ケーススタディ④：投手成績の等高線図】

　等高線図の例をもう1つ紹介する．《投手成績》には1965年～2015年までの日本プロ野球の投手成績に関するデータが記録されている．このデータは1シーズンで130イニングを投げた投手を対象としたものである．打者一人当たりの『自責点率』（投手の責任で相手に点を与える割合）に影響を与える要因として，『1アウト効率』（1つアウトをとるのに必要な打者数）と『被本塁打率』（打者一人当たりの本塁打を打たれる率）を取り上げる．『1アウト効率』も『被本塁打率』も値が小さいほど『自責点率』が小さいことが期待される．実際に調べてみたものが，**図1.20**の等高線図とカーネル平滑化曲線などである．**図1.20-Ⓐ**は『1アウト効率』と『自責点率』の等高線図である．等高線図は確率楕円のようにきれいである．図には破線で回帰直線が，実線でカーネル平滑化の曲線が追記されている．カーネル平滑化曲線は，できるだけ観測値に合うようにフィッティングさせた結果，複雑な曲線になっている．このような場合は，**過学習**が起きている可能性が高い．もっと滑らかな曲線をあてはめたほうが汎化性は高くなる．

　一方，**図1.20-Ⓑ**は『被本塁打率』と『自責点率』の等高線図である．

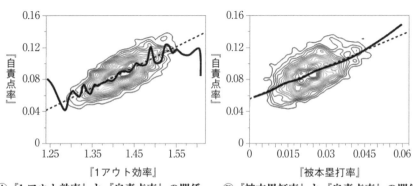

Ⓐ『1アウト効率』と『自責点率』の関係　　Ⓑ『被本塁打率』と『自責点率』の関係

図1.20　『1アウト効率』（左），『被本塁打率』（右）と『自責点率』の関係

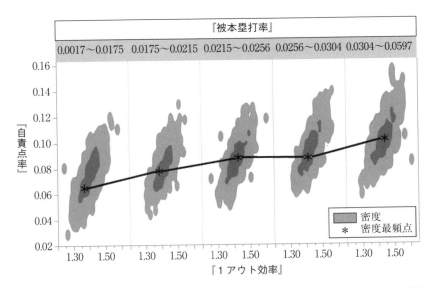

図 1.21 　『被本塁打率』でクラス分けした『1 アウト効率』と『自責点率』の等高線図

　こちらのカーネル平滑化は単純な曲線が得られており，過学習になっていない．カーネル平滑化曲線の動きから，『被本塁打率』が 0.045 以上になると曲線の勾配<ruby>勾配<rt>こうばい</rt></ruby>が大きくなり，失点の可能性がより大きくなることが示されている．これは，投手が走者を塁に溜めた状態で打者に本塁打を打たれる事象が増えることを意味しているのかもしれない．

　次に，『自責点率』と『1 アウト効率』の等高線図を『被本塁打率』で層別したグラフを図 1.21 に示す．この図から，『被本塁打率』の級（データ区間）でクラス分けしても，『1 アウト効率』と『自責点率』との等高線図からの相関はあまり変わらない．しかし，各級での密度の最頻点を結ぶと『被本塁打率』が大きくなるほど，『自責点率』の最頻点も高くなっている．特に，0.0256〜0.0304 の級から 0.0304〜0.0597 の級の差は大きくなっている．本塁打を打たれやすい投手は，アウトを 1つとる効率が悪く，その結果として，走者を塁に溜めた状態で打者に本塁打を打たれやすくなり，自責点（投手の責任での失点）が悪化していることが示唆される．

1.6　カラーマップ（ヒートマップ）

　ビッグデータでは，《投手成績》のように時系列でデータが収集され
ているケースも多い．そのような場合にも，横軸に観測時点を縦軸に特
徴量をとって散布図を描くことがあるが，相関係数や等高線図を描くの
は厳密には統計仮説である独立性を無視しているので誤用になる．では，
どのようなグラフ表現をすればよいか．1つの方法は観測時点ごとに特
徴量を**箱ひげ図**で表すことであり，もう一つの方法が**カラーマップ**であ
る．

　また，ビッグデータでは扱う特徴量の数 p も多くなる．特徴量が増え
ると特徴量間の相関の様子を相関係数行列や散布図行列で表すことが困
難になる．数多い特徴量間の相関を一覧にして眺めるには別なグラフを
使う必要がある．ここでは，視覚的に相関の強弱をグラデーションで表
す**カラーマップ**を紹介する．カラーマップは特徴量の数 $p×p$ 個のセル
で構成される．各セルは相関係数の値で色分けされ，全体としてグラ
デーションの状態を観察する．正相関の強いところ，負相関の強いとこ
ろ，相関の弱いところを色の違いで確認する．2つの特徴量の相関の様
子を散布図で表すことはできないが，特徴量の数 p が大きくなっても1
つのグラフでコンパクトに表示できるので便利である．

1.6.1　【ケーススタディ⑤：投手成績のカラーマップ】

　《投手成績》から投手の打者一人当たりの『三振率』の時系列の傾向
を調べてみよう．**図1.22**-Ⓐは『三振率』の推移のドットプロットであ
る．このグラフから全体的に右上がりの傾向が読み取れる．一方，**図
1.22**-Ⓑは一点鎖線で平均線を，破線で回帰直線を，実線でカーネル平
滑化曲線を加えた等高線図にヒストグラムを追記したものである．ヒス
トグラムにもカーネル平滑化曲線が追記されている．ヒストグラムを追
記することで，等高線図も読みやすくなる．しかし，このグラフは各個
体の独立性の統計仮説を無視している点で厳密には誤用である．誤用を
承知でグラフの解釈を行う．等高線図から全体的には右上がりの直線的

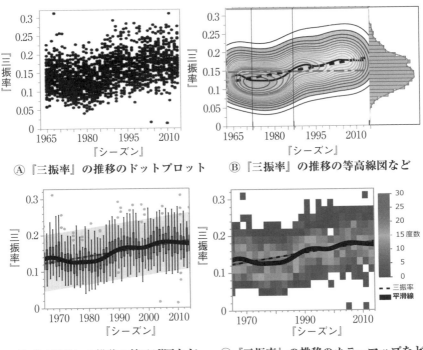

Ⓐ『三振率』の推移のドットプロット　Ⓑ『三振率』の推移の等高線図など

Ⓒ『三振率』の推移の箱ひげ図など　Ⓓ『三振率』の推移のカラーマップなど

図1.22　『三振率』の推移グラフ

傾向が読み取れるが，よく眺めると1987年までは『三振率』に下降傾向がみられた後，上昇傾向に転じている．等高線図からは複数の山の頂上が見られ，カーネル平滑化により山の頂上を縫(ぬ)うような曲線が得られている．右図から読み取れることは，相対的に1990年代以降は三振率が増加傾向にあることである．

　次に，誤用の誹(そし)りを受けないように等高線図を**箱ひげ図**とカラーマップに変更してみよう．**図1.22**-Ⓒは『三振率』の推移の箱ひげ図に破線で回帰直線と実線でカーネル平滑化曲線を加えたグラフである．箱ひげ図は描画された長方形を箱といい，長方形の真ん中の線が中央値(データを小さいほうから順に並べたときの全体に対する50%点)，上下の辺が4分位値(25%点，75%点)を表している．長方形から上下に伸びる線はひげといい，ひげは箱の両端から，1.5倍の箱の距離まで伸ばす．ひ

げを外れたデータの点は，外れ値候補となる．箱やひげの長さにより分
布の対称性や中心位置，拡がりや尖りが視覚的に判断できる．各シーズ
ンでいくつか外れ値候補の個体があるが，カーネル平滑化曲線は各シー
ズンの中央値によくフィットしていることがわかる．

　図1.22-Ⓓはカラーマップに破線で回帰直線と実線でカーネル平滑化
曲線を加えたグラフである．このグラフのカラーマップは，散布図上で
横軸を2年ごと，縦軸を0.02ごとに区切りセルを作る．得られたセル
のなかに入る個体の頻度を計算する．頻度の幅を5として，青～赤のグ
ラデーションで表現したものになっている．本例のように時系列データ
をカラーマップ化したグラフを**カレンダーカラーマップ**（カレンダー
ヒートマップ）と呼ばれる．**図1.22**-Ⓒ～Ⓓのグラフから得られる解釈
は**図1.22**-Ⓑの等高線図の解釈と同じである．

1.6.2 【ケーススタディ⑥：投手成績の相関係数のカラーマップ】

　特徴量pの小さい《投手成績》で相関係数行列とカラーマップを比較
してみよう．**表1.4**は《投手成績》から選ばれた7つの特徴量の相関係
数行列である．特徴量pが小さい場合は相関の強い順番に並べ替えてお
くと，データ分析の見通しが良くなる．

　図1.23は表1.4の相関係数行列をカラーマップで表したものである．
相関係数行列とカラーマップを対比してみると，どのあたりに相関が強
い特徴量同士があるのかを理解できるであろう．

表1.4　《投手成績》の相関係数行列

	年齢	被打率	三振率	1アウト効率	自責点率	被本打率	BB率
年齢	1.000	0.234	-0.153	0.066	0.071	0.052	-0.167
被打率	0.234	1.000	-0.401	0.519	0.410	-0.099	-0.313
三振率	-0.153	-0.401	1.000	-0.312	-0.250	-0.148	0.067
1アウト効率	0.066	0.519	-0.312	1.000	0.745	0.278	0.594
自責点率	0.071	0.410	-0.250	0.745	1.000	0.592	0.277
被本打率	0.052	-0.099	-0.148	0.278	0.592	1.000	0.062
BB率	-0.167	-0.313	0.067	0.594	0.277	0.062	1.000

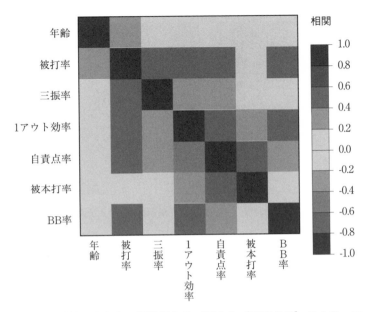

図1.23　相関係数の大きさで特徴量を並べ替えた《投手成績》のカラーマップ

1.6.3 【ケーススタディ⑦：誘発磁場のカラーマップ】

　もう少し，特徴量の数が多いカラーマップの例を紹介する．**図1.24**は《誘発磁場》の $p=160$ の特徴量のカラーマップである．**図1.24-Ⓐ**は刺激を受けていない脳の状態を表したもの，**図1.24-Ⓑ**は刺激を受けたときの脳の状態を表したものである．刺激を受けたときのほうが，グラデーションがはっきりしている(相関係数がより1や−1に近い)ことがわかる．グラフではセンサ番号順で特徴量間の相関を並べたが，脳の位置情報と照らし合わせると脳のどの位置で神経細胞が反応しているかを大まかに認識することが可能である．

　ケーススタディ⑦のように特徴量が多い場合は，画面の大きなディスプレイでも相関係数行列や散布図行列を一度に表示できない．しかし，カラーマップでは全体を省スペースで表すことができ，鳥瞰的な考察が可能になる．

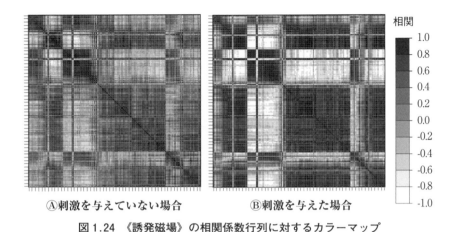

相関
- 1.0
- 0.8
- 0.6
- 0.4
- 0.2
- 0.0
- -0.2
- -0.4
- -0.6
- -0.8
- -1.0

Ⓐ刺激を与えていない場合　　　　　Ⓑ刺激を与えた場合

図1.24　《誘発磁場》の相関係数行列に対するカラーマップ

■コラム5：データ分析の前処理に手を抜かない

　機械学習では，以下に示す2つの点でデータ分析の前処理が大切である．1つ目はデータのクリーニングである．例えば，《誘発磁場》の原データ(参考文献[10])は $N=24$ 万超のビッグデータである．磁場はちょっとした外乱や内乱で変動するため，337回の繰返し計測が行われた．得られた観測値の平均を計算した $n=714$ のデータに加工された値を記録したものが《誘発磁場》である．2つ目は，観測値を高次の空間(特徴空間)に移す作業(データ写像)である．データ写像により分析しやすい q 個(一般に，$p < q$)の特徴量が得られる．q 個の特徴量を使ってモデルを考える．そして，得られた結果を元の世界に戻す．よく知られている特徴空間は (x_1, x_2) を $z_1 = x_1^2$, $z_2 = x_2^2$, $z_3 = \sqrt{2}\,x_1 x_2$ という変換である．機械学習の前処理では，どのような特徴空間を探せばよいかを考えたり，特徴空間に移すためのデータ加工を行ったりする必要がある．

第2章　モデル検証

機械学習では多くのパラメータをもつ非線形なモデルも扱うため，データに潜む効果（あるいは信号）だけでなく，個々の観測値がもつノイズに対しても，過剰なあてはめをしてしまうことがある．これは過学習といわれ，汎化性を損なうことになりかねない．本章では重回帰モデルを使って，得られたモデルの汎化性を確認する方法を紹介する．

2.1　重回帰分析

重回帰分析は入力とする複数の特徴量の重み付き線形和で1つの出力を予測する方法で，**モデル化**（出力と入力の関係式の探索）や**予測**（入力の値から出力の予測）や**効果**（入力の影響の大きさの評価）を目的に用いられる．重回帰モデルでは，入力とする特徴量の間に従属関係（多重共線性）がある場合や入力とする特徴量の数 p が個体数 n よりも多い場合に偏回帰係数（重み）が一意に定まらない問題が生じ，出力への影響の度合いを知ることができなくなる．本節ではこのような問題に対しての対処法を紹介する．

2.1.1　重回帰分析の流れ

重回帰分析では，表2.1の形式のデータを使ってモデルを探索する．重回帰モデルは，以下に示す関数 f が線形式になっているモデルである．機械学習では関数 f は線形である必要はなく，非線形回帰や正則化回帰，ニューラルネットワークなど，さまざまな拡張が考えられている．

$$y_i = f(x_{1i}, x_{2i}, \cdots, x_{pi}) + e_i \tag{2.1}$$

$$y_i = \beta_0 + \beta_1 x_{1i} + \beta_2 x_{2i} + \cdots + \beta_p x_{pi} + e_i \tag{2.2}$$

図2.1は重回帰分析の分析手順を示したものである．

まず，手順❶で仮説を立て予測する特徴量を決める．次に，手順❷で

表2.1　重回帰分析に使われるデータセット

観測値	応答	入力特徴量			
個体 No.	Y	X_1	X_2	$\cdots$	X_p
1	y_1	x_{11}	x_{21}	$\cdots$	x_{p1}
2	y_2	x_{12}	x_{22}	$\cdots$	x_{p2}
3	y_3	x_{13}	x_{23}	$\cdots$	x_{p3}
$\vdots$	$\vdots$	$\vdots$	$\vdots$	$\ddots$	$\vdots$
n	y_n	x_{1n}	x_{2n}	$\cdots$	x_{pn}

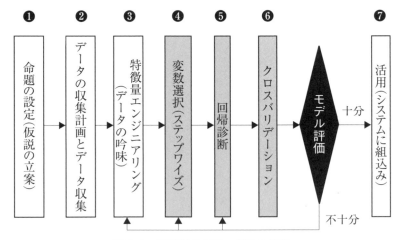

❶ 命題の設定(仮説の立案)
❷ データの収集計画とデータ収集
❸ 特徴量エンジニアリング(データの吟味)
❹ 変数選択(ステップワイズ)
❺ 回帰診断
❻ クロスバリデーション
モデル評価
十分
不十分
❼ 活用(システムに組込み)

図2.1　重回帰分析の一般的な流れ

予測する特徴量(応答)と予測に役立つと思われる入力特徴量の対を収集する計画を立てる．ここで，ビッグデータであっても偏ったデータ収集にならないように，まんべんなくデータを収集する．データの収集が終われば，**特徴抽出**をする．特徴抽出とは研究対象の特徴を示すデータを数値化したもの，あるいは数値化するための技術やプロセスを示す言葉である．統計学では一般に数値化されたデータを扱うので特徴抽出と呼ばれるプロセスは必要なかったが，動画や画像・会話などさまざまなデータを扱うビッグデータでは特徴抽出のプロセスは重要である．手順❸で重回帰分析を行うための入力特徴量のモニタリングを行い，必要であれば，変数変換や変数合成など入力特徴量に対して加工を行う．この

とき，**特徴量選択**を行うとよい．特徴量選択とは無数の特徴量から分析に必要とされる複数の特徴量を設定(セット)するプロセスであり，あるいは選択された個体の集合を意味する言葉である．統計学の分析用にまとめられたデータセットを準備するプロセスに相当する．

手順❹で**変数選択(ステップワイズ)**を使って，モデルに用いる特徴量の選択とパラメータ推定を行う．手順❺で回帰診断を行い回帰モデルの評価を行う．手順❻でクロスバリデーションを行う．よい結果が得られたら，手順❼でモデルの活用を行う．

2.1.2 【ケーススタディ⑧：杉花粉の重回帰分析】

《杉花粉データ》には2019年と2020年の横浜市の2月～3月の杉花粉量と周辺の気象情報が記録されている．ケーススタディ⑧では2019年のデータを使って杉花粉量(応答)を推定するモデルを求め，得られた回帰モデルを使って2020年の杉花粉量の予測を行うことを考える．

ここで，**図2.2**に示すように『杉花粉量』は値の大きい側に裾を引いているため，その対数値，『対数花粉量』を応答に使う．また，重回帰分析に使う学習データの個体数は $n=34$ で，入力特徴量は横浜市・八

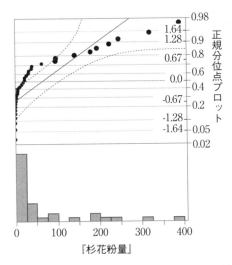

要約統計量	
平均	66.426471
標準偏差	101.37339
平均の標準誤差	17.385392
平均の上側95%	101.79732
平均の下側95%	31.055624
N	34

図2.2 2019年の横浜の杉花粉量

王子市・佐倉市の気象情報で，そのなかには風向きなどの層別因子が含まれている．ケーススタディ⑧では特徴量の数 $p = 47$ が個体数 n よりも多いデータセットを扱うことになる．このため，全特徴量を入力として用いることができない．また，回帰モデルの寄与率 R^2 は回帰モデルに取り込む特徴量の数が増えるに従い単調増加していく性質があるので，モデルの評価指標としては好ましいものではない．そこで，自由度調整済寄与率 R^{*2} が提案されている．この指標は，モデルに特徴量を取り込む際に相応なペナルティを課して，R^2 の欠点を補う評価指標である．

本ケースでは回帰モデルに採択する特徴量を決めるルールとして，ステップワイズの**変数増減法**を採用する．変数増減法ではモデルに取り込む閾値（しきいち）とモデルから除外する閾値を事前に決める必要がある．ここでは R^{*2} のペナルティに沿った p 値の基準でともに 0.25 に設定している．ステップワイズで得られた結果を**表 2.2** に示す．

変数増減法により 14 の入力特徴量が選択されている．回帰モデルの寄与率は $R^2 = 0.90$ で，自由度調整済寄与率は $R^{*2} = 0.83$ となり，あてはまりのよい結果が得られたように思われる．そこで，得られた回帰モデルの**回帰診断**を行う．回帰診断では残差の状態を調べることが重要である．**図 2.3** は残差の検討結果を示したもので，**図 2.3**-Ⓐが予測値と残差の散布図，**図 2.3**-Ⓑが残差の正規確率プロットである．残差の系列には傾向が見られず，正規確率プロットでは直線的な傾向が見られるので，回帰モデルは妥当であるように思われる．

回帰診断の結果も良好であるので，得られた回帰モデルを使って2020 年の『対数花粉量』を予測する．**図 2.4** は予測値と実測値のプロットで**予測判定グラフ**とも呼ばれるグラフである．予測判定グラフとは，モデルによる予測値と実測値との関係を散布図にしたものである．**図 2.4**-Ⓐは 2019 年の予測判定グラフであり，当然，回帰モデルのあてはまりはよい．**図 2.4**-Ⓑは 2020 年の予測判定グラフである．予測のデータ範囲が実測のデータ範囲よりも広く，その相関係数は $r = 0.31$ である．2019 年のデータで作成した回帰モデルでは 2020 年の予測精度は思いのほか悪い．

表 2.2 2019年の杉粉量の重回帰分析の結果

あてはめの要約	
R^2	0.902998
R^{*2}	0.831522
誤差の標準偏差（RMSE）	0.91268
応答『対数花粉量』の平均	2.58303
オブザベーション（または重みの合計）	34

分散分析				
要因	自由度	平方和	平均平方	F 値
モデル	14	147.33133	10.5237	12.6337
誤差	19	15.82669	0.8330	p 値（Prob＞F）
全体（修正済み）	33	163.15803		＜.0001*

パラメータ推定値				
項	推定値	標準誤差	t 値	p 値（Prob＞|t|）
切片	-3.423689	1.726981	-1.98	0.0621
平均気温	1.5384878	0.34022	4.52	0.0002*
最小湿度	0.0365718	0.026003	1.41	0.1757
最大風速	0.552614	0.169341	3.26	0.0041*
風向き {南東&南&西&北-東&南西}	-0.854155	0.456232	-1.87	0.0767
風向き {南東-南&西&北}	1.8639242	0.662643	2.81	0.0111*
風向き {南-西&北}	-0.751368	0.418655	-1.79	0.0886
風向き {西-北}	-1.075056	0.468271	-2.30	0.0332*
夜天気 Lag1 {曇-晴&雨}	-0.664225	0.238156	-2.79	0.0117*
八王子平均気温	0.7661584	0.333242	2.30	0.0330*
八王子平均風速	-1.438153	0.588859	-2.44	0.0245*
八王子最大風速	0.5560236	0.218397	2.55	0.0197*
佐倉平均気温	-0.856538	0.393784	-2.18	0.0425*
佐倉最高気温	-0.772822	0.15741	-4.91	＜.0001*
佐倉平均風速	-0.857597	0.398742	-2.15	0.0446*

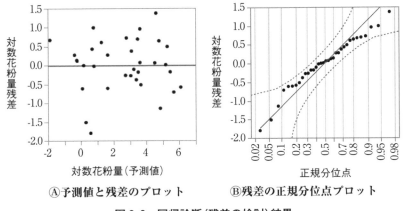

Ⓐ予測値と残差のプロット　　　Ⓑ残差の正規分位点プロット

図2.3　回帰診断(残差の検討)結果

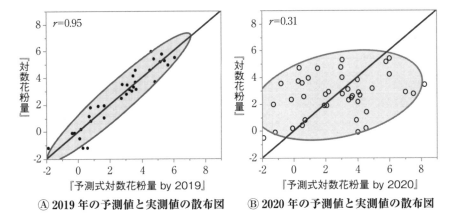

Ⓐ 2019年の予測値と実測値の散布図　　Ⓑ 2020年の予測値と実測値の散布図

図2.4　横浜の対数杉花粉量の予測判定グラフ

　ケーススタディ⑧の教訓は,「収集した手持ちデータへのあてはまりのよい統計モデルが得られたとしても,新たなデータに対しての予測精度がよいという保証にはならない」ということである. たとえ学習データ数が多くても,(a)データ収集の際に生じる偏り,(b)モデル探索の際に生じる偏り(データに含まれるノイズに敏感に反応してしまうこと),(c)新たなデータでは特徴量間のデータ構造の変化により,得られた統計モデルの汎化性が著しく損なわれることが起こる. 原因と結果の関係が曖昧な場合のデータ分析では,(b)のモデル探索時に内生性に起因す

る偏り，あるいは欠落変数に起因する偏りが生じたことを知らずにモデルを採択している恐れがある[1]．パラメータ推定が誤差項と入力特徴量が相関をもつとき，これを考慮せずに推定を行うとパラメータ推定に偏りが生じる．この偏りは内生性に起因する偏りとして知られている．また，欠落変数に起因する偏りは分析に使われていない第3の要因 Z が入力特徴量と応答に影響を及ぼす場合，Z は交絡因子 (confouding variable or confounder) と呼ばれる．交絡因子 Z を制御しないとパラメータ推定に偏りを生じさせる．本ケースの場合は，例えば杉林が蓄えている花粉が Z の候補となり得るであろう．

2.2 クロスバリデーション

　統計モデルの活用には適切に候補となるモデルを探索すること，すなわち，最適なモデルの選択とその性能の評価が重要である．回帰モデルにおけるモデル選択とは，ステップワイズと同じ意味をもっている．また，モデルの評価は AIC あるいは BIC 基準や自由度調整済寄与率 R^{*2} などが使われる．これらの指標はモデル探索のバイアスの補正を行っている．機械学習では与えられたデータに最もよくあてはまるように，モデルのパラメータを推定する．そのために，モデル探索時のバイアスが生じるので上記の指標にもとづいた確認が重要となる．近年，重回帰分析も大きなデータ量を扱うことが増えてきた．個体数 n が十分に多いことを生かして，モデルの評価・選択を行う方法が**クロスバリデーション**である．クロスバリデーションは分析対象のデータをランダムにいくつかに分割し，モデルの推定・選択・評価をそれぞれ異なるデータで行う点に特徴がある．

---

1) 因果推論については，例えば下記の文献を参照されたい．内容はいずれも本書に比べて高度なレベルである．
・宮川雅巳(2004)：『統計的因果推論』，朝倉書店
・黒木学(2017)：『構造的因果モデルの基礎』，共立出版

2.2.1　クロスバリデーションの考え方

　クロスバリデーションとは，分析対象のデータを無作為にいくつかに分割し，モデルの推定・モデルの選択・モデルの汎化性をそれぞれ異なるデータを使って行う方法である．**図2.5**はクロスバリデーションの概念を示したものである．例えば，全体の個体数を$n = 300$としたとき，全体を100個ずつ3つに分割する．モデルの推定に使うデータを**学習データ**といい，学習データを使っていくつかのモデルをあてはめる．このプロセスでパラメータ推定する際に，最小2乗法や最尤法での最適化で生じる推定バイアスに注意しなければならない．モデル選択に使うデータを**検証データ**といい，それは推定されたモデルの優劣を決めるために利用される．優劣の単純な決め方は，得られたモデルを使い検証のデータの予測を行うことで，例えば予測判定グラフを使ってモデルの優劣を決める．このプロセスでは，最適なモデルを選ぶ際に生じるモデル選択のバイアスに注意する必要がある．最後に**評価データ**(テストデータとも呼ばれる)を使って，モデルの汎化性を調べる．選ばれたモデル

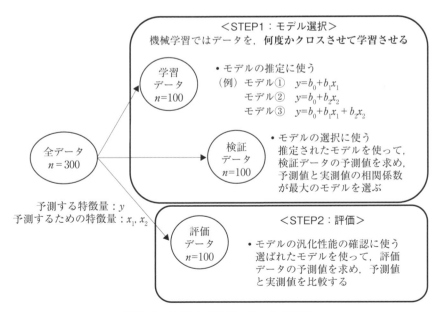

図2.5　クロスバリデーションの概念

を使って，評価データの予測を行い，モデルがデータにどれだけあては
まっているかを調べる．クロスバリデーションにはいくつかの検証方法
があり，それらの概略を以下に示す．

・ホールドアウト検証

　データ全体から学習データ・検証データ・評価データを無作為に
選択して学習データでモデルを求め，残ったデータで検証や評価を
行う．近年では，ホールドアウト検証はクロスバリデーションとし
て扱わないことが多い．その理由は，データを交差(クロス)させる
ことがないという理由からである．

・k-分割交差検証

　k-分割交差検証では，データを k 個に分割する．そのうちの 1
個を評価用，残る $(k-1)$ 個を学習・検証用として，モデルを評価す
る．同様に，k 個に分割されたデータのそれぞれが 1 回ずつ評価用
となるよう，合計 k 回のモデルの評価を行う．そうやって得られた
k 回の結果を平均して 1 つの推定値を得る方法である．さらに，
データの分割から始まる一連の操作を複数回繰り返して平均をとる
場合も提案されている．

・leave-one-out 交差検証

　leave-one-out cross-validation (1 つ取って置き検証)は，データ
から 1 つの個体だけを抜き出して評価用とし，残りを学習・検証用
とする．これを全個体が 1 回ずつ評価用となるようモデル評価を繰
り返す．

　図 2.6 は評価データの効果を図式化したものである．真の目的関数
$F(x)$ が正規分布に従う誤差を含む『x』の 3 次多項式であるとする．こ
こでは無作為標本抽出された複数の $n=6$ のデータを考える．いま，
$F(x)$ の情報を知らずに、❶と❷に 2 種類(a と b)の 1 次式をあてはめた．
点線で示された a は❶と❷のデータに無関係な 1 次式で引かれたもので
ある．実線で示された b は❶の学習データで推定された単回帰モデルで
ある．モデル a では❶と❷は評価データに相当し，モデルの評価が行わ
れたことになる．見るからに直線は❶と❷のいずれの散布図でも打点の

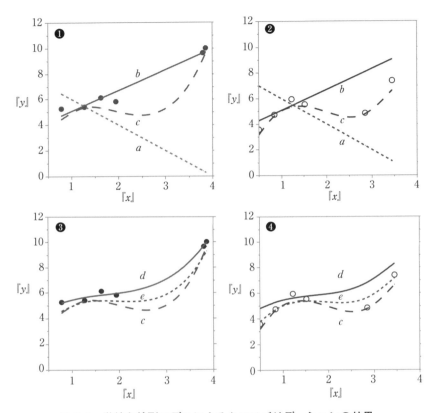

図2.6　単純な線形モデルによるクロスバリデーションの効果

傾向を示していない．モデル b では❶の学習データを使ってパラメータ
推定したものであるから，モデル a に比べればデータに対するばらつき
は改善されている．モデル b では❷は評価データに相当し，❷の値によ
らず❶で求めた推定値による1次式が引かれている．破線で示された曲
線 c は真の目的関数 $F(x)$ を示したものである．モデル a と b は，c の
曲線からの偏りも大きいことがわかる．

　❸と❹はターゲットとなる $F(x)$ の情報が少なからずある（3次多項式
だとわかっている）場合を想定したものである．事前情報がありパラ
メータの数を増やせばあてはまりはよくなる．モデル d は❸の学習
データから推定された3次多項式である．モデル e は❸の学習データに

加えて，同様な 3 つの $n=6$ のデータでそれぞれ 3 次多項式を推定し，その平均を使って求めた曲線である．**❸**ではモデル d はモデル e に比べれば打点にフィットしているが，真の目的関数 $F(x)$ にはモデル e のほうが偏りは小さい．しかし，評価データとなる**❹**のような新たなデータが与えられたときにはモデル d は必ずしもよい予測ができるとは限らない．場合によっては大きく予測がずれることが起きる．その影響はパラメータ数の少ない単回帰モデルよりも大きくなるかもしれない．しかし，**❹**ではモデル e はモデル d に比べてばらつきは小さく，また真の目的関数 $F(x)$ からの偏りも小さい．

以上からわかるように，できる限り事前の情報を集め，モデルを学習させることで汎化性能を向上させることができるのである．また，評価データを利用することで汎化性能の評価ができるのである．

2.2.2 【ケーススタディ⑨：投手成績のホールアウト検証】

《投手成績》のデータを使って，『自責点率』を予測するアルゴリアズムを考える．入力特徴量に『被本塁打率』と『1 アウト効率』を取り上げる．対象の個体数は $n=1959$ である．データから無作為に 1/3 だけ選び出し，$n_1=646$ のデータを学習データとして以下の 3 つのモデル**❶**〜**❸**を評価した．

- モデル**❶**：『自責点率』$=-0.2664+0.2491\times$『1 アウト効率』（$R^2=0.55$，$R^{*2}=0.55$）
- モデル**❷**：『自責点率』$=0.0563+1.301\times$『被本塁打率』（$R^2=0.35$，$R^{*2}=0.35$）
- モデル**❸**：『自責点率』$=-0.2358+0.2118\times$『1 アウト効率』$+0.9339\times$『被本塁打率』（$R^2=0.72$，$R^{*2}=0.72$）

学習データに 1 番フィットしたのはモデル**❸**である．なお，無作為抽出のため，得られたパラメータの推定値は標本抽出の際に生じる誤差により変化することに注意する．

次に，残りの 2/3 のデータから無作為に選んだ半分（$n=656$）を検証データとする．学習データで推定した回帰モデルを使って，検証データ

で『自責点率』を予測する．その結果，実測値と各モデルの予測値との相関係数は，モデル❶では $r=0.76\,(r^2=0.58)$，モデル❷では $r=0.59$ $(r^2=0.35)$，モデル❸では $r=0.86\,(r^2=0.74)$ となる．したがって，1番評価の良いモデル❸を採択する．各モデルの R^2 と r^2 を比べると，どのモデルもほぼ同じ値が得られている．

　最後に，モデル❸を使って評価データ $(n=657)$ で汎化性能を調べると，$r=0.83\,(r^2=0.69)$ となり，十分に汎化性能の高いモデルであることが確認された．

　図2.7 はモデル❸を使ったホールアウト法のプロセスを視覚化した**予測判定**グラフである．Ⓐは学習データの予測値と実測値の散布図，Ⓑは検証データの予測値と実測値の散布図，そしてⒸは評価データの予測値と実測値の散布図である．視覚的にも，モデル❸は汎化性能が高いことがわかる．

　では，なぜモデルを検証・評価するステップが必要なのかを考えてみよう．多変量解析では扱うアルゴリズムの候補はたいてい1つである．例えば，一般的な予測の問題では重回帰分析だけを考えている．回帰モデルは十分に練られた仮説の下で，狭いデータ範囲内で線形近似されたモデルである．その範囲内でモデルの改善が行われる．一方，機械学習では広いデータ範囲に対して多数のアルゴリズムの候補を使って予測を試みる．その理由は，「あらゆる課題やデータに最高の精度を出すことのできる万能薬はない」という発想からきている．

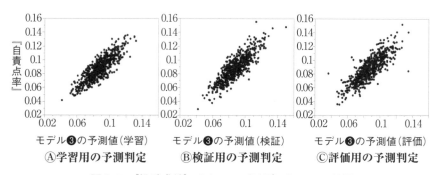

Ⓐ学習用の予測判定　　Ⓑ検証用の予測判定　　Ⓒ評価用の予測判定

図2.7 《投手成績》のクロスバリデーションの結果

　機械学習ではこのことは**ノー・フリーランチ定理**といわれ数学的に証明されている．この不思議な名前の定理は，ハインラインの SF 小説『月は無慈悲な夜の女王』でのセリフに由来しているといわれる．小説では，「飲みに来た客は昼食無料」という宣伝文句に釣られて客がやってくるが，その実，昼食の代金はきっちり酒代に含まれていて，無料の昼食なんて**都合の良いものは存在しない**ということが風刺されている．

　つまり，問題やデータにより，それぞれのアルゴリズムの精度にはばらつきが生じる．アルゴリズムには得手不得手があるもので，**すべての問題に使えるような都合の良いアルゴリズムなど存在しない（万能薬はない）**．問題やデータが変わればアルゴリズムも変更すべきで，できる限り先見知識を使って，その問題に合ったものを採用すべきである．ある特定の方法だけをいつも適用するのは極めて危険である．

　機械学習では，学習のステップではできるだけ多くのアルゴリズムを用意して予選会を行う．予選会は結果のわかっているデータを使ってモデル選択を行う．モデルはパラメータ数を増やして複雑なアルゴリズムにすれば，いくらでも予測精度は向上する．その際，アルゴリズムは過学習になっている危険性がある．このため，未知のデータに対するモデルの汎化性能の検証が必要になる．そこで，推定精度の高い上位のアルゴリズムを選んで，検証データでモデルの汎化性能の評価を行うのである．このとき，選ばれた候補のモデルはクロスバリデーションで汎化能力が高くなるようにハイパーパラメータを決め学習させる．そうして，検証データでも高い予測精度が出たアルゴリズムを採用する．選ばれたアルゴリズムをもう一度，別な評価データで汎化性能を予測判定グラフなどで評価するのである．

　このように，最適化したとか，よいアルゴリズムを見つけたといった場合には，常にバイアスが生じていると考えて，その評価を行う必要がある．

2.3 正則化回帰分析

重回帰モデルの偏回帰係数は式(2.3)のように推定される.

$$Y = X\beta + e \quad \Rightarrow \quad \beta = (X'X)^{-1}X'Y \tag{2.3}$$

このとき, $X'X$ がランク落ちしていると逆行列が求まらない. このため, 最小二乗法による損失関数の最小化(残差 e_i の2乗和の最小化)ができない.

正則化とは通常の重回帰モデルの計画行列 $(X'X)$ がランク落ちしている場合の対処法で, 対角成分を拡大して損失関数の最小化(正則化)を行う方法である. この方法は古くから**リッジ回帰**としてよく知られている. 具体的には, $X'X$ を $X'X + \lambda I$ と置き換えて推定値を行う方法である. この置換えによるパラメータ推定は最小2乗法においてペナルティ項を設けることと同じである. つまり, 正則化により得られるメリットは**縮小推定**と**変数選択**にある.

縮小推定とは回帰モデルの特定の特徴量のパラメータだけが大きくならないように制御することである. 確かに縮小化により予測値には偏りが生じ偏りは増加するが, パラメータ推定値をゼロ方向に縮小することでモデルの予測精度を高めることができるので, 通常の回帰と比較して予測誤差は全体として小さくなる. また, 一部の正則化の方法では変数選択が可能である. 正則化の変数選択とは入力特徴量のなかで, 予測に必要とされないものにはパラメータの推定値に0を与え, 実質的にモデルから除外する方法である.

2.3.1 正則化回帰の考え方

機械学習ではリッジ回帰以外に正則化の方法が提案されており, **Lasso** や **Elastic Net**(**弾性ネット**)などが有名である. 正則化はランク落ちへの対処とともに, 正則化項 Δ(デルタ)は過学習を防ぐためのペナルティという意味ももっている. 簡単のために, 各特徴量は平均0, 分散1に標準化されているとする. このとき, 正則化回帰では以下に示すように, 最小2乗法にペナルティを課してパラメータ推定していると考えればよ

表2.3 正則化回帰の正則化項とその性質

推定法	正則化項	性質
リッジ回帰	L2ノルムのペナルティ $\frac{1}{2}\lambda\sum_{i=1}^{p}\beta_i^2$	• すべての推定値がぴったり0にはならない. • 入力に使う特徴量はすべてモデルに取り込まれる. • 推定値は最小2乗解に比べて絶対値が0に近くなる.
Lasso回帰	L1ノルムのペナルティ $\lambda\sum_{i=1}^{p}|\beta_i|$	• 推定値がぴったり0となるとき,その特徴量はモデルに取り込まれなかったことを意味する. • 上記の性質によりモデルに取り込まれる特徴量は自動的に取捨選択される(モデル選択機能). • 推定値は最小2乗解に比べて絶対値が0に近くなる.
Elastic Net	$\lambda\alpha\sum_{i=1}^{p}|\beta_i|$ $+\frac{1}{2}\lambda(1-\alpha)\sum_{i=1}^{p}\beta_i^2$	• $\alpha=0$ の場合はリッジ回帰,$\alpha=1$ の場合はLasso回帰. • モデルへの取り込まれ方は α の設定によって変わる. • リッジ回帰とLasso回帰の両方の良い面をもっている.

い.

❶ 最小2乗法:$(Y-X\beta)'(Y-X\beta)\Rightarrow$最小とする$\beta$を推定

❷ 正則化回帰:$(Y-X\beta)'(Y-X\beta)+\Delta\Rightarrow$最小とする$\beta$を推定($\Delta$は正則化項)

ここで,**正則化項Δ**には,ハイパーパラメータと呼ばれるパラメータ,λ(正則化パラメータ)やα(混合パラメータ)が含まれ,それらの値によってペナルティの強さや得られる回帰モデルの性質が異なる.各方法の正則化項を**表2.3**に示す.

表2.3からわかるようにリッジ回帰はパラメータの推定値b_iの2乗和が大きくなりすぎないように正則化項を追加して制御する方法である.例えば2次多項式を考えると,損失関数は以下の式(2.4)で表され,Lを最小にするパラメータを求める方法である.

$$L=\sum_{i=1}^{n}[y_i-(b_0+b_1x_i+b_2x_i)]^2+\lambda(b_1^2+b_2^2)\times n \qquad (2.4)$$

Lasso回帰は,パラメータの推定値の絶対値の和が大きくなりすぎな

いように正則化項を追加して制御する方法で，変数選択が可能である．例えば 2 次多項式を考えると，損失関数は式(2.5)で表され，Lを最小にするパラメータを求める方法である．

$$L = \sum_{i=1}^{n} [y_i - (b_0 + b_1 x_i + b_2 x_i)]^2 + \lambda(|b_1| + |b_2|) \times n \qquad (2.5)$$

　別な推定法として重回帰分析のステップワイズ(変数選択)や入力特徴量に主成分分析を行い，その主成分得点を入力に使う**主成分回帰**が古くから知られている．統計学で使われた上記 2 つの古典的な方法も，正則化回帰も過学習およびランク落ちを防ぐという意味では同じ目的の異なる推定法である．どの推定法を使うかは扱う課題に対する過去の研究や経験にもとづく知見によって変わる．知見が十分にある場合は分析者の経験を反映して学習機能のないステップワイズを使い，知見が不十分な場合は学習機能のある正則化回帰，あるいはすべての特徴量を取り込める主成分回帰を使うとよい．

2.3.2 【ケーススタディ⑩：杉花粉データの正則化】

　ケーススタディ⑩では，ケーススタディ⑧の《杉花粉データ》で正則化を行う．正則化には Elastic Net を用いて 2019 年のデータで学習し，2020 年のデータで評価してみよう．なお，正則化は汎化性能を向上させる(言い換えれば過学習を防ぐ)ためのもので，予測能力を向上させるためのものではないことに注意しよう．

　JMP を使うとハイパーパラメータの初期値が$\alpha = 0.99$で与えられ，その値をハイパーパラメータに設定すると，**図 2.8**-Ⓐに示すようにソフトウェアが最適なλの値($\lambda = 1.79$)を求めてくれる．その場合の出力を**表 2.4**に示す．また，モデル選択の推移(ペナルティにより特徴量の偏回帰係数がゼロとなる)を**図 2.8**-Ⓑに示す．得られた正則化回帰モデルはケーススタディ⑧の重回帰モデルの寄与率よりもかなり劣る．しかし，予測モデルでは汎化性能を考慮する必要がある．**図 2.9**はリッジ回帰・Elastic Net，Lasso 回帰の 3 つの正則化を行った予測値と対数杉花粉量の実測値との予測判定グラフである．なお，図中の濃い確率楕円が

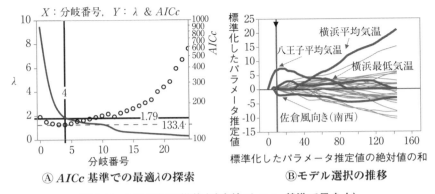

図 2.8　変数選択の推移（垂直線が *AICc* 基準で最良点）

表 2.4　対数杉花粉量を予測する正則化回帰分析結果

応答	対数花粉量							
分布	正規							
推定法	Elastic Net							
指標	*AICc*	133.11	BIC	139.15	(−)対数尤度	59.00	R^2	0.61
ハイパーパラメータ	*a*	0.99	*λ*	1.79	グリッド数	150		
項	推定値	標準誤差	Wald カイ 2 乗	*p* 値	下側 95%	上側 95%		
切片	−0.494	0.82977	0.354	0.55	−2.1203	1.1323		
横浜平均気温	0.0453	0.21376	0.045	0.83	−0.3736	0.4643		
横浜最低気温	0.0205	0.2137	0.009	0.92	−0.3983	0.4393		
八王子平均気温	0.3999	0.26787	2.228	0.13	−0.1251	0.9238		
佐倉風向(南西-北東)	−1.0257	0.94551	1.176	0.28	−2.8789	0.8274		

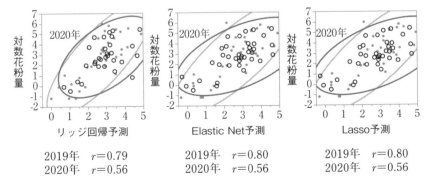

図 2.9　正則化回帰による横浜の対数杉花粉量の予測判定グラフ

2020 年のもので，参考までに 2019 年のそれを薄い確率楕円で示してい
る．このグラフが示すように，2020 年の対数花粉量の予測では，重回帰
モデル（ケーススタディ⑧）よりも汎化性能が向上していることがわかる．

　それでも，正則化回帰モデルの 2019 年と 2020 年の予測判定グラフの
相関係数の差異が相当大きい．杉花粉量を精度よく予測するためには，
例えば，杉が蓄えた花粉総量に影響を与えるような他の特徴量を探す必
要があるだろう．

第3章　カーネル主成分分析

　　五感から入る刺激は瞬時に脳で「いかなるパターンであるか」を識別され，クラス分けされる．例えば，街中で人とすれ違う時，そのなかから友人をたやすく見つけられるのは，友人がもつ仕草や声のトーンなどの特徴を脳が瞬時に読み取っているからである．本章では，データに潜むパターンを認識する方法として**カーネル主成分分析**を紹介する．

3.1　カーネル法と主成分分析

　　多次元の情報を低次元(2〜3次元)に圧縮する**主成分分析**によって，多次元データに潜むクラスを発見することができるかもしれない．主成分分析を使えば，得られた主要な主成分の散布図や等高線図を作り，特徴的なクラスがないかを調べることができる．多次元の世界はイメージしにくいものであるが，**第1章**で学んだように平面(2次元)であれば，そこに異なるクラスがあるかどうかの判断は容易である．主成分分析は線形な世界の次元圧縮法であるが，機械学習では非線形な世界に対応できるように，**カーネル法**を使った主成分分析が使われる．**3.1節**ではカーネル法と主成分分析について紹介する．

3.1.1　【数値例⑤：特徴量の次元圧縮】

　　主成分分析は多くの成書に詳細が述べられている．以下では，データが視覚的に確認でき，複数のクラスを発見できるように，**次元圧縮**を行う主成分分析を手短に説明する．

　　主成分分析は，生データ $x_1,\ x_2,\ \cdots,\ x_p$ の線形変換，$z_1,\ z_2,\ \cdots,\ z_p$ をそれらが無相関になるように求めるアルゴリズムである．特徴量 z は，z_1 が最大の分散をもち，z_2 が z_1 と無相関になるという制約のなかで2番目に大きな分散をもつように選ばれる．以下同様に順次 z が求められる．

この変換は数学の問題である**固有値・固有ベクトル**を求めることで得られる．主成分分析で得られる固有値・固有ベクトルは，データの分散共分散行列**V**，あるいは相関係数行列**R**などを分解したものである．固有値の大きいほうから順に並べるとき，それらの値は対応する主成分zの分散に等しいものになる．最初の少数個の主成分だけでxの全分散の大部分を説明できれば，少数の主成分で全体を要約することができるであろう．

　図3.1は《PCA》にある3つの特徴量(『A』『B』『C』)から得られた，**三次元散布図**と信頼率50%の**確率楕円体**である．JMP やJUSE-StatWorks では，三次元散布図を使って，3つの軸をさまざまな角度に回転させて分散が大きくなるような方向(**図3.1**-Ⓐ)や分散が小さくなるような方向(**図3.1**-Ⓑ)を見つけることができる．得られた主成分の三次元散布図を**図3.2**に示す．このグラフは，横軸に『PC1』(第1主成分)，縦軸に『PC2』(第2主成分)，奥行きに『PC3』(第3主成分)の主成分得点を打点し，そこに『A』～『C』のベクトルを加えたもので，3次元の**バイプロット**と呼ばれる．このバイプロットから3つのクラスを発見できるであろう．このように，複数の特徴量を主成分に変換して2次元，あるいは3次元で表すことができるため，データのなかに

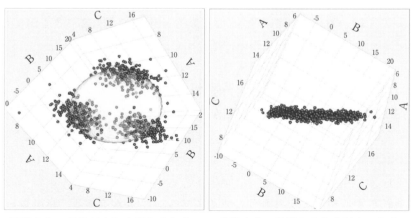

Ⓐ横方向の分散が大きく見える角度　　Ⓑ縦方向の分散が小さく見える角度

図3.1　《PCA》の三次元散布図

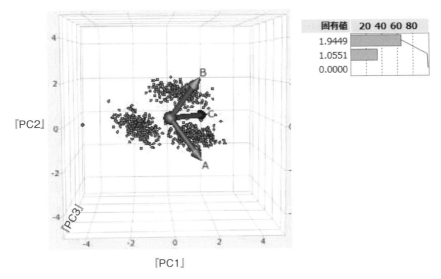

図 3.2 『PC1』『PC2』『PC3』による 3 次元バイプロット

潜むクラスの発見に役立つのである.

3.1.2 カーネル法の考え方

カーネル法は簡単にいうと，1 次の連立方程式を解くだけで答えが求まるように問題を設計することである．ところが，世の中は線形で表される問題ばかりではない．例えば，**図 3.3-❶**のような打点を直線で近似することはできない．曲線で表せば，もっと近似がよくなるであろう．曲線を線形な世界で表す方法に**多項式回帰分析**があるが，この方法は万能ではない．例えば，**1.4 節**の擬似的な体重の例では，『時点』(経過日数)を使い多項式モデルである 3 次式をあてはめたが，うまくいかなかった．もっと自由自在な曲線が必要である．そこで，**カーネル平滑化**を試みたのである.

カーネル法は**図 3.3-❷**に示すように，生データに非線形な変換(数学用語で写像という)を行い，それを新しい特徴量とみなして線形な手法を使うことで問題を解いている．つまり，くねくねした(非線形)空間を探し，上手に並べ直せば，**図 3.3-❸**のように，非線形の世界では直線

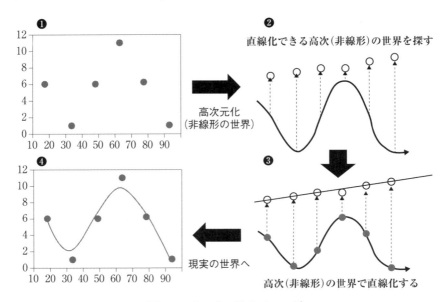

図3.3　カーネル法のイメージ

で近似できるのではないかというのがカーネル法の発想である．非線形の世界で引いた直線を再び，**図3.3-❹**に示すように観測空間(現実の世界)に戻せば，「直線はくねくねした打点の傾向にフィットするような曲線に変換される」という方法である．

　体重を予測する例では，打点のコブに当たる『時点』を頂点にガウス関数を3つ用いた．ガウス関数はコブごとに中心位置μとばらつきの大きさσの2つのパラメータをもつ．本来，入力特徴量は『時点』の1つだけだったのであるが，新たに6つの特徴量($3 \times 2 = 6$)を入力に使って(高次元化)，体重の推移を予測したのである．

　カーネル主成分分析では，生データを高次元化して，高次の世界で線形な主成分分析を行い，次元圧縮を行う方法である．高次の世界で行われる固有値分解のもとになる行列を**グラム行列(正則行列)**という．このとき，どうやってグラム行列を作ればよいであろうか．そもそも，高次の世界のモデルは無数に考えられるので，どうやって都合のよい非線形な空間を探しているのであろうか．その疑問に答える必要がある．

　カーネル主成分分析では高次の世界でグラム行列である**V**や**R**を作り，それの固有値問題を解いている．実際の計算では**第2章**で紹介した**正則化**といわれるテクニックも使われる．実は，カーネル法には都合の良い非線形な空間を見つけ出す仕組みはない．カーネル法は最適化を**双対問題**に置き換えて解くという方法に特徴がある．双対問題を手短にいうと，個体数 n と特徴量 p の小さいほうを使って固有値・固有ベクトル問題を解くことができるという性質を指している．この性質を使えば，変換によって得られた新たな特徴量の数 m が膨大（$n \ll m$）になっても，最大で個体数 n を使って，$n \times n$ のグラム行列に収めることができるというわけである．

　都合のよい非線形な空間を探すには，無限個の特徴量を用意すればよい．無限個の特徴量があれば，「そのなかに有用な特徴量が多く含まれているはずだ」と考えることができる．では，どうするかである．例えば，**ガウス関数**（正規確率密度の定数倍に相当）を使って局所的なあてはめを行い，その和をとるという工夫である．局所の大きさはハイパーパラメータ σ で調整するのである．具体的な方法は**6.2.3項**で紹介する．

3.2　カーネル主成分分析の基礎

　本節では，数値例を使ってカーネル主成分分析の活用法を紹介した後，一般的な手順を示し，ケーススタディ⑪でカーネル主成分分析の適用例を紹介する．

3.2.1　【数値例⑥：カーネル主成分によるクラス発見】

　図3.4-❶は《2変数 k-PC》の生データ『x』と『y』の散布図である．マーカーの違いで2つのクラスを表している．❷が『x』と『y』に対する通常の主成分分析で得られた主成分得点の散布図である．通常の主成分分析は座標軸の回転を行っているだけなので，主成分の軸で2つのクラスをうまく分離できない．❸～❻はハイパーパラメータの σ の値をいろいろ変えてカーネル主成分分析を行った結果の散布図である．ハイ

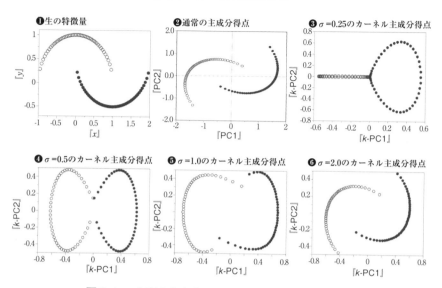

図3.4 σを変えたときの主成分得点の散布図の変化

パーパラメータσには，その値を大きくするほどより遠くのデータまで参照できる性質がある．ソフトウェアはある基準でσを定めるが，ハイパーパラメータをどのように与えるかにより主成分分析の結果は変化する．主成分分析の結果から何が正しく何が間違っているかを判断することは難しく，知見にもとづいて主観的に判断する必要がある．

具体的に図3.4の❸〜❻を考察してみよう．❸はハイパーパラメータσの値を 0.25 に設定した結果の散布図である．2つのクラスは『k-PC1』（第1主成分）でうまく分離されているが，『k-PC2』（第2主成分）では2つのクラスの分散が異なっている．このままでは誤解を生じる．2つのクラスはカーネル主成分分析の結果でも対称性をもってほしいからである．❹はハイパーパラメータσの値を0.5に設定した結果である．今度は2つのクラスをうまく分離できている．2つのクラスは『k-PC1』で分類され，『k-PC2』でも2つのクラスの分散は同じである．平面上で2つのクラスの対称性が保たれているから，うまくクラスの分類ができている．図の❺はハイパーパラメータσの値を 1.0 に設定した場合である．❹に比べて❺は2つのクラスの対称性が崩れているだけで

なく,『k-PC1』での分類が完全ではない.図の❻はハイパーパラメータσの値を 2.0 に設定した場合である.❷の通常の主成分得点の散布図に近い状態になっており,2 つのクラスをうまく分けることができていない.

最後に,主成分分析の計算の舞台裏を紹介する.カーネル主成分分析では双対問題を解いているので,通常の主成分分析の因子負荷量の計算を個体側で行っている.因子負荷量の計算はグラム行列の固有値をλ_i,固有ベクトルをl_{ij}とすると,式(3.1)から求めることができる.ここで,添え字iは主成分の次元を,添え字jは個体番号を表している.つまり,個体側の主成分得点とはややこしいのであるが,因子負荷量なのである.

$$z_{ij} = l_{ij}\sqrt{\lambda_i} \tag{3.1}$$

カーネル主成分分析の性質上,個体側のパターン分類は可能であるが,元の特徴量の次元圧縮を行っているのではない.このため,得られた主成分と元の特徴量間の関係性を主成分分析の結果から類推することができず,主成分の解釈ができないのである.

3.2.2 【数値例⑦:重要なカーネル主成分の探索】

《2 変数 k-PC》のデータのようにうまく分類できる主成分が常に第 1 主成分であるという保証はない.カーネル主成分分析で必要な主成分の数を決めるにはどうすればよいか.そのヒントは通常の主成分分析と同様に,固有値の大きさと主成分得点の散布図の様子から判断するというものである.分析者が固有値の大きい上位の主成分を選び,主成分の散布図行列からクラスの分類がはっきりしている主成分を探すのである.

《判別境界が円》のデータで考えてみよう.**図 3.5** の右上に生データの散布図とカーネル主成分分析の固有値のグラフを示す.生データの『x』と『y』の平面で 2 つのクラスの違いをマーカーで表現している.1 つのクラスは円周上に打点され,もう 1 つのクラスは円内に打点されている.このようなデータ構造の場合には,通常の主成分分析ではパターンの分類ができない.そこで,カーネル主成分分析を行う.ハイパーパラメータσを 2.0 に設定し,求める主成分の数はソフトウェアの

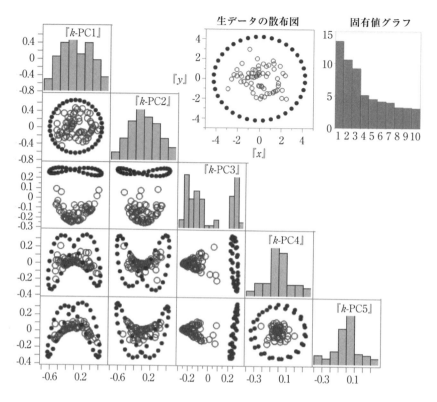

図3.5　《判別境界が円》のカーネル主成分の結果 ($\sigma = 2.0$)

初期値である10をそのまま使う．得られた主成分の固有値のグラフを生データの散布図の右に示す．第3主成分までが比較的大きな固有値をもっていることがわかる．

　図3.5の左下三角部分の散布図行列を眺めてほしい．2つのクラスをうまく分類してくれる主成分は『k-PC3』（第3主成分）であることがわかる．今回は『k-PC1』と『k-PC2』の散布図ではうまくクラスの分類ができず，生データの構造とさして違いがない．カーネル主成分分析はパターンの分類に役立つ非線形なアルゴリズムであるが，どの主成分がパターン分類に役立つのかは分析してみないとわからないのである．

3.2.3 カーネル主成分分析の一般的な手順

カーネル主成分分析の一般的な手順を**図3.6**に示す.

事前の仕込みとして，手順❶でデータの収集と吟味を行い，研究目的の対象となるデータを偏りなく集める．データ収集の際に主成分の解釈に役立つ層別因子や主成分分析に使う特徴量を広く集めて，集めた生データを吟味する．データの吟味では**第1章**で紹介したグラフなどを使って調べるとよい．機械学習では動画解析などデータの並びに意味があること（時間の経過順に個体が並んでいる）が多いので，観測番号もパターン分類のヒントになる．

手順❷では，カーネル主成分分析の入力となる特徴量を選ぶ．手順❸では，カーネル関数のσの値などハイパーパラメータの設定をする．手順❹では，主成分からパターン分類を行いたい場合や主成分の意味付け（多くの場合，それは難しい）に役立つような層別因子（質的な特徴量）を追加変数に与える．そして，主成分を計算する．このとき，不必要な固有値の小さい下位の主成分はノイズと考える．ソフトウェアによっては抽出する主成分の数を事前に選ばせる機能をもつものがある．

手順❺で主成分が得られたら，手順❻では主成分をノイズと信号（有益だと思われる主成分）に分離する．手順❼で信号として選んだ主成分

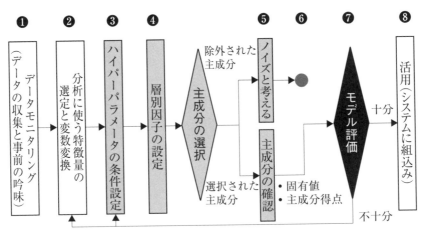

図3.6 カーネル主成分分析の一般的な流れ

を使ってモデルの評価を行う．モデルの評価では主成分の散布図や固有
値などを確認する．得られた主成分の空間で新たなパターンが見つかれ
ばしめたものである．主成分に問題がなければ，手順❽で得られたモデ
ルの活用を検討する．

3.2.4 【ケーススタディ⑪：誘発磁場の主成分分析】

　ケーススタディ⑪では《誘発磁場》に古典的な主成分分析を使ってみ
よう．分析の対象となるのは『＃1』〜『＃160』の磁場で，$n(=714)$
$\times p(=160)$のデータセットである．このデータはすでに標準化されてい
るので，分散共分散行列**V**を使っても相関係数行列**R**を使っても同じ結
果が得られる．**R**を使った場合は生データの総数pが固有値$\overset{\text{ラムダ}}{\lambda}$の合計
に一致する．このため，各主成分がどのくらいの**寄与率**をもつのかが簡
単に計算できる．例えば，『PC1』の寄与率は$66.7088/160 = 0.42$と計
算できる．『PC2』の寄与率は$21.8944/160 = 0.14$と計算できる．以下，
同様に下位の主成分の寄与率を計算することができる．

　図3.7は『PC1』と『PC2』の散布図である．この散布図は2つの主
成分の寄与率を加えてデータ全体の60%弱の情報をもっていることが
わかる．図中に追記された矢線は外部から脳に刺激が与えられた時間の

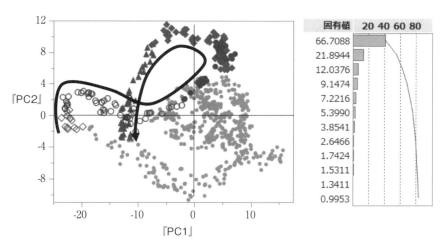

図 3.7　『PC1』と『PC2』の主成分得点の散布図(左)と固有値(右)

流れに対応している．刺激を受けた脳の反応は，最初，第Ⅱ象限の左下付近から右（『PC1』の正方向）に動き，次に第Ⅱ象限の右下から第Ⅰ象限左上に進んだ後で，折り返して第Ⅱ象限の下に移る複雑な動きをしている．グレーダウンした打点は脳が刺激を受けていない時間帯の観測点である．完全ではないものの，『PC1』と『PC2』の平面で脳が刺激を受けた時間帯のパターンを発見することができ，刺激の影響も主成分の平面を使って視覚的に分離できている．

　同じデータに**カーネル主成分分析**を使ってみよう．ここで，使うカーネル関数は，

$$k(x_i x_j) = \exp\left[\frac{-\|x_i - x_j\|^2}{2\sigma^2}\right] \tag{3.2}$$

で表される**ガウス関数**である．$\|\cdot\|$は数学記号で**ノルム**といい，空間におけるベクトルの長さの概念を一般化したものである．カーネル関数は1つのx_iに対し，複数のx_jを使うので，生の特徴量の数をpとすると，

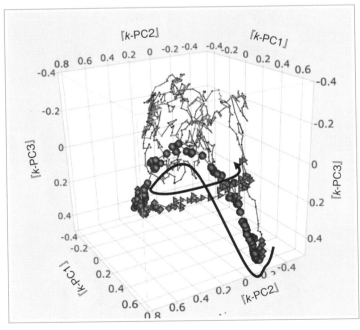

図3.8　《誘発磁場》のカーネル主成分の三次元散布図

カーネル主成分は p よりも多い m 個の新しい特徴量を使って主成分分析を行っている．(3.2)式のハイパーパラメータ $\overset{シグマ}{\sigma}$ はソフトウェアが評価関数を使って定めるものであるが，分析者が自由に決めることもできる．ここではソフトウェアが決めた $\sigma = 11.5$ を使っている．

　図 3.8 は JUSE-StatWorks を使って求めた結果を三次元散布図にしたものである．散布図に付随する矢線は，脳が刺激を受けた時間的な推移を表したものである．脳が反応した動きがよくわかるであろう．しかし，主成分から刺激を受けたときの脳の状態のパターンを視覚的に発見でき，刺激の有無による脳の反応を分類できるのである．

第4章 クラスター分析

クラスター分析はデータに潜むクラスを発見するための機械学習のアルゴリズムの総称である. このアルゴリズムで扱うデータはクラスの数や各クラスの情報や個体がどのクラスに所属しているかの情報がないため, 分析結果の答え合わせをすることができない**教師なしデータ**といわれるものである. 本章では数あるクラスター分析から非階層的方法を紹介する.

4.1 k-平均(k-Means)法

4.1 節では**非階層的クラスター分析**から, **k-平均法**を紹介する. k-平均法とは, あらかじめ k 個のクラスを用意して個体をそれらのクラスに分類する方法である.

4.1.1 教師なし分類の方法

k-平均法を紹介する前に, 以下のような光景を思い浮かべてほしい.

- 膨大な量の写真が整理されないままにスマートフォンに溜まっている.
- お気に入りの飲食店のカードが整理されないままにたくさん箱に入っている.

分類情報などが曖昧であるとして, 急ぎ整理する必要ができた場合, どのような手順で整理するのがよいか考えてみよう. まず, 手順❶であらかじめいくつに分類するか決めて箱を用意する. 次に, 手順❷で各箱に 1 つ個体を入れて箱の代表と考える. 代表は知見から典型的な個体を選ぶか適当に仮決めして逐次修正するかで決定する. そして, 手順❸で各個体を箱の代表と比べて, 一番近い箱に必ず入れる. さらに, 手順❹ですべてが箱に入ったら中身を吟味して, 箱の代表を再度選ぶ. それから, 手順❺で箱の中の個体を代表と比べ, 内容があまりにも違っている

ものは他の箱の代表と比べて一番近い箱へ移動させる．手順❻でこの作業を入替えがなくなるまで手順❹❺を繰り返す．この方法はk個の平均を代表と考えて分類するため，k-平均法と呼ばれる．

4.1.2　【数値例⑧：非階層クラスター分析によるクラス発見】

　k-平均法では特徴量を使って，各個体の距離を計算してクラス分けを行う．このため，個体間の距離をどう定義したらよいか，クラスの数kをいくつにすればよいかなどを事前に決める必要がある．個体間の距離は測定単位を変えると分析結果が異なるので，事前に何かしらの処置が必要となる．測定単位の違う特徴量を分析に用いる場合は，測定単位に依存しない標準化後の特徴量を使うとよい．

　実際に《層別散布図》の$n=10000$の『X』と『Y』を使ってk-平均法で分類を行ってみよう．簡単のために，『X』と『Y』は同じ測定単位で観測されたものとし，個体間の距離はそのままユークリッド距離を使っても分析結果に影響しないとする．等高線図により，このデータには2つのクラスがあることが確認されている．しかし，各個体がどちらのクラスに分けられるかまではわからない．そこで，特徴量を標準化した後でk-平均法を行い，2つのクラスターを求める．別途，『X』と『Y』で主成分分析を行い，得られた第1主成分得点と第2主成分得点の散布図上で，2つのクラスターで層別してみよう．

　図 4.1はk-平均法の結果を示したものである．**図 4.1**-Ⓐは主成分分析で得られた『PC1』と『PC2』の主成分得点の散布図に，$k=2$のクラスで層別した結果を示したものである．図中の楕円が信頼率90％の確率楕円である．『PC1』がほぼ0のところが2つのクラスの境界になっている．図の下にある数値は JMP がもつ評価関数である **CCC**[1]である．CCC ではデータの分布が均一であればk-平均法の結果は同じ大きさの超球状のクラスターになると仮定し，そこからどれだけ離れているかを

---

1)　SAS Institute Inc (1983): *SAS Technical Report A-108: Cubic Clustering Criterion* を参照のこと (https://support.sas.com/documentation/onlinedoc/v82/techreport_a108.pdf).

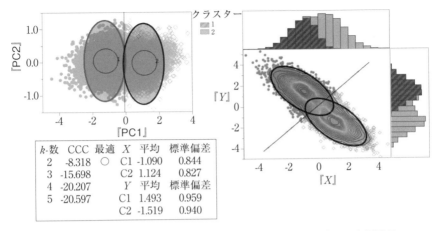

k-数	CCC	最適	*X*	平均	標準偏差
2	-8.318	○	C1	-1.090	0.844
3	-15.698		C2	1.124	0.827
4	-20.207		*Y*	平均	標準偏差
5	-20.597		C1	1.493	0.959
			C2	-1.519	0.940

　Ⓐ主成分空間での分類結果　　　　Ⓑ観測値の平面での分類結果

図 4.1　《層別散布図》の *k*-平均法の結果

計算した値が大きいほど優れていると考える．本数値例では，その値から最適なクラス数は 2 である．また，各クラスの平均と標準偏差も表示されている．**図 4.1**-Ⓑは生データの『*X*』と『*Y*』の等高線図上でのクラス分けの様子を示したものである．こちらの散布図でもうまくクラス分けができていることがわかる．

4.1.3　*k*-平均法の考え方

　n 個の個体が *k* 個のクラスに分解されるとき，各クラスの平均を $\bar{x}_k$(*k* = 1, 2, …, *K*) とする．このとき，データ全体の平方和 S_T は各クラスの平均を使ってクラス間平方和 S_B とクラス内平方和 S_W に分解できる．クラス内の平方和 S_W を最小とすることは，クラス内の距離のばらつきをできるだけ均一にすることを意味する．

　本項では，10 個のデータ (11,31,50,60,78,91,98,106,160,220) を使って，*k*-平均法の考え方を紹介する．このデータを 3 つのクラスに分類することを考える．**シード**(クラスの核となる代表)を無作為に 3 点選ぶ．選ばれた 3 点が，**表 4.1** の 2 行目の○がついた値，50・91・106 である．1 次元の場合は，隣り合う 2 つのクラスのシードの平均を求め，

表4.1　k-平均法の計算例

得点	11	31	50	60	78	91	98	106	160	220
種子			○			○		○		
境界値	←			→ 70.50 ←			→ 98.50 ←			→
$\triangle S_w$				-659.92						
境界値	← 30.67 →			← 81.75 →				← 162.00 →		
$\triangle S_w$							2719.92			
境界値	← 30.67 →			← 81.75 →				← 162.00 →		
$\triangle S_w$								-4233.55		
境界値	← 30.67 →			← 86.60 →				← 190.00 →		
$\triangle S_w$				-239.12						
境界値	← 38.00 →			← 93.25 →				← 190.00 →		

それを境界として個体を分類する．境界値は**表4.1**の2行目の境界値の数値である．例えば，50と91の境界値は$(50+91)/2=70.5$と計算する．こうして最初のステップで，C1[11・31・50・60]，C2[78・91・98]，C3[106・160・220]にクラス分けをする．

　次に，C1の右端をC2に移したときの平方和S_wの変化を計算する．ここで，平方和S_wの変化を数学記号で一般的に表現する．n個の個体$(x_1, x_2, \cdots, x_n)$の平均と平方和をそれぞれ$\bar{x}_n$，S_nとしたとき，ここから1個を除いた後の平均$\bar{x}_{n-1}$と平方和S_{n-1}は，$d=x_i-\bar{x}_n$として，

$$\bar{x}_{n-1}=\bar{x}_n-\frac{d}{(n-1)} \tag{4.1}$$

$$S_{n-1}=S_n-\frac{nd^2}{(n-1)} \tag{4.2}$$

となる．逆に，x_{n+1}を追加した後の平均$\bar{x}_{n+1}$と平方和S_{n+1}は，$d=x_{n+1}-\bar{x}_n$として，

$$\bar{x}_{n+1}=\bar{x}_n+\frac{d}{n} \tag{4.3}$$

$$S_{n+1}=S_n+\frac{nd^2}{(n+1)} \tag{4.4}$$

となる．この関係を利用して，C1からC2に右端が移動することで，C1の平方和は1290.70減少し，C2の平方和は，630.75増加することがわかる．全体として，平方和は659.92減少するので，この個体をC2

に移動する．新たな C2 から C3 に右端を移動させても平方和は減少しない．しかし，C3 から C2 への移動は，平方和が 4233.55 減少するので，左端の個体を C2 に移動させる．さらに，新たな C2 から C1 へ移動させる．このときは，平方和は−239.12 減少するので，C2 の左端の個体を C1 に戻す．これで分割を終了する．これが，k-平均法の計算の基本的な考え方である．

　なお，実際の k-平均法は，データ量(個体の数×特徴量の数)が大きく，例題のように個体間の距離が一元的ではないので，初期値の与え方によって最終結果が変わる場合がある．このため，初期値を無作為に変更して，何度か学習を繰り返して，CCC 値のような適合度指標を使って最良のクラス分けを行うとよい．

4.1.4 【ケーススタディ⑫：誘発磁場計測の *k*-平均法】

　ケーススタディ⑫では，《誘発磁場》の『＃11』と『＃37』を使った k-平均法の分析例を紹介する．本例は同じ測定単位で計測されているが，各特徴量の平均や標準偏差をそろえる目的で特徴量の標準化を行っている．分析の結果，CCC から 7 つのクラスで分類するのがよいことが示された．図 4.2 は別途計算した主成分の『PC1』と『PC2』の平面に 7 つのクラスターを表示したものである．マーカーサイズが大きい観測点(ラスター 2・3・6 に属する個体)は刺激を受けた時点のものである．

　図 4.3 は『＃11』と『＃37』の散布図上でクラスターを表現したものである．元の特徴量に戻って，散布図行列などから得られたクラスターを確認することは知見との照らし合わせが容易である．刺激を受けて脳が反応した時間帯のクラスター 2・6・3 の部分では，『＃11』と『＃37』に負相関がみられる．個体の観測時点を考慮してマーカー分けすると，◇で刺激を受け始め(クラスター 3)，○を経由して(クラスター 6)，●に到達する(クラスター 2)．そして，◆で折り返して(クラスター 2)，▲を経由して(クラスター 6)，▲までの間で刺激を受けていた(クラスター 3)．つまり，脳の反応は時間的に 3 つのクラスター間を往復していたのである．

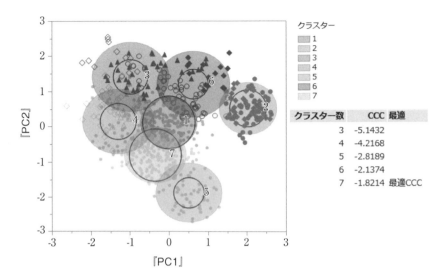

図4.2　*k*‑平均法による《誘発磁場》の『PC1』と『PC2』平面でのクラス分け

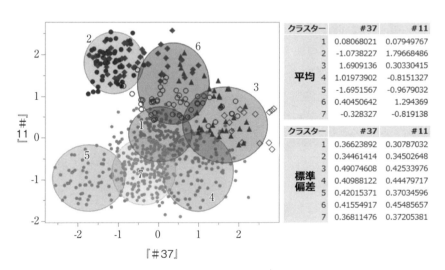

図4.3　*k*‑平均法による《誘発磁場》の『＃1』と『＃37』平面でのクラス分け

■コラム6：*k*-平均法の盲点

k-平均法によるクラス分けは超球状の形状で，クラス中の対象数はほぼ等しいということを仮定している．

この仮定に反する場合，うまく分類できない．例えば，**図4.4**は3つの密な領域が存在するデータに*k*-平均法を適用した結果である．直観に反し，各クラスに属する個体数ができるだけ等しくなるように，対象数の大きな領域が3分割されている．クラスの対象数に差がある場合やクラスが超球形でない場合は，特徴量を同じ出現確率を等距離と定義するマハラノビス距離に変換して*k*-平均法を使うなどの工夫が必要である．

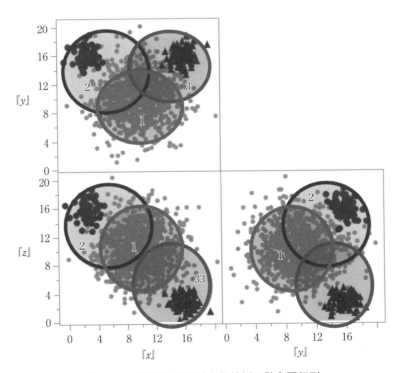

図4.4 *k*-平均法が苦手な数値例の散布図行列

4.2　正規混合法（混合ガウス法）

　個体数 n が増えてくるとクラス間が重なり合うことも起きる．このような場合は，クラスをくっきり境界で分けるのではなく，各個体がどのクラスに属するのかを確率的に表現したほうが自然である．データ空間全体を複数の多変量正規分布を混合させたモデルで表現するのが，**正規混合法**（**GMM**）である．正規混合法は**混合ガウス法**とも呼ばれる．

4.2.1　【数値例⑨：出現可能性を使ったクラス発見】

　数値例《正規混合》のデータ構造の種明かしを先にすると，『X』と『Y』の平面に3つのクラスが存在しており，各クラスは『X』と『Y』の平面で別々の相関係数をもっている．**図4.5**にその状態を示す．Ⓐは通常の散布図でクラスごとにマーカーを変えている．Ⓑは散布状態を等高線図で示したものである．

　次に，k-平均法と正規混合法を使ってクラス分けした結果を主成分空間で表したものを**図4.6**に示す．Ⓐが k-平均法の結果で，マーカーの違いに着目するとうまくクラス分けができていないことがわかる．一方，Ⓑを見ればわかるように正規混合法ではマーカーの違いを知っているかのようにうまくクラス分けができている．

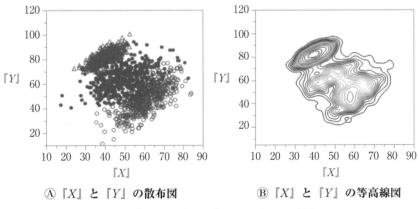

Ⓐ『X』と『Y』の散布図　　　　Ⓑ『X』と『Y』の等高線図

図4.5　《正規混合》の『X』と『Y』の散布図

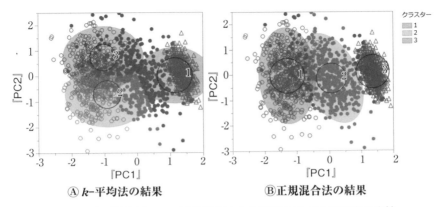

図4.6 《正規混合》の *k*-平均法（左）と正規混合法（右）の結果の比較

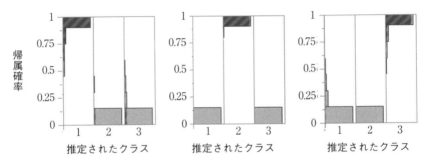

図4.7 正規混合法で推定された各クラスに帰属する確率

　各クラスで特徴量間に個別の相関関係が認められる場合は，*k*-平均法よりも正規混合法のほうが上手にクラス分けできることが多い．**図4.7**は正規混合法で得られたクラスに対して，各クラスに帰属する確率を示したグラフである．ヒストグラムで濃くハッチングされた部分が実際のクラスを示している．正規混合法を使ってほぼうまく（90％超）クラス分けできていることがわかる．

4.2.2 正規混合法の考え方

　正規混合法は，データの背後に複数の多変量正規分布を仮定した方法である．複数の混合されている各多変量正規分布が，それぞれ1つのク

ラスターを表している．正規混合法は境界によってグループを排他的に
分類するのではなく，各クラスターに所属する確率からクラス分けを
行っている．この方法は背後に確率分布を仮定しているので，評価関数
（適合度指標）として，対数尤度や $AICc$，BIC などで評価することが可
能である．評価関数を使うことで統計的にいくつのクラスターが必要か
を判断することができる．

4.2.3　非階層的クラスター分析の手順

　非階層的クラスター分析の一般的な流れを図 4.8 に示す．

　非階層的クラスター分析は教師なしデータの分析であるから，データ
構造に潜在的なクラスが存在している前提のアルゴリズムである．手順
❶と❷の分析前の仕込みではデータの吟味が重要である．特に，データ
が時系列に並んでいる場合は個体番号に注目するとよい．また，特徴量
の距離を使って分類を行うので，特徴量の測定単位の影響（平均や分散
の大きさ）にも注意が必要である．特徴量に対して標準化や変数変換が
必要になるかもしれない．データの吟味が終わると，クラスター分析の
方法を選択する．

　手順❸で分析に使うアルゴリズムを決める．分析を始める前に手順❹

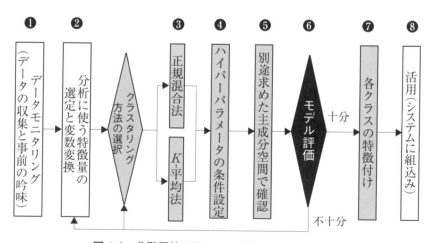

図 4.8　非階層的クラスター分析の一般的な流れ

でハイパーパラメータを設定する．k-平均法と正規混合法の主なハイパーパラメータはクラス数 C の設定である．また，初期値を変えることでも結果は変わる．手順❺では得られたクラスターを視覚化する．別途計算した主成分空間で得られたクラスターを色分けなどで層別する．手順❻で適合度指標や主成分空間での解釈でモデルの評価を行う．モデルが不十分であれば，手順❹に戻りハイパーパラメータの設定を変えたり，クラスタリングの方法を変更したり，手順❷のデータの吟味まで戻ったりする．主成分空間でうまくクラス分けできていれば，手順❼のクラス分けに役立つ特徴量で各クラスの平均や標準偏差などからクラスの特徴付けを行う．なお，クラスター分析に使わなかった（質的な）特徴量からもクラスの特徴付けのヒントが得られることがある．最後に手順❽で実際に得られたアルゴリズムを活用する．

4.2.4 【ケーススタディ⑬：死因の分類】

《死因》には日本の 1980 年〜2015 年の 5 年ごとの死因のデータが記録されている．特徴量は $p=16$ 種の死因である．個体側は，5 年ごとの計測年・性別・5 歳区切りの年代の組合せで，データは $n=320$ の人口 100 万人当たりの死亡数の対数値である．このデータに正規混合法を

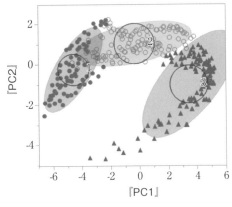

Ⓐ『PC1』と『PC2』の散布図　　Ⓑクラスター 2 の特徴量の平均

図 4.9　《死因》の正規混合法によるクラス分け

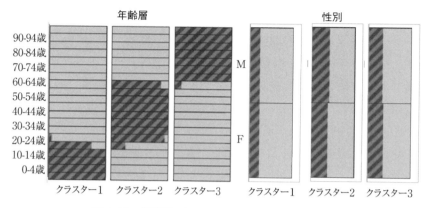

図4.10　《死因》の3つのクラスターの個体情報

行った結果を**図4.9**に示す.

　求めたクラスターは*BIC*基準で3つである.**図4.10**は得られたクラスターの個体情報のグラフである.①の年齢層ではクラスターの特徴が出ているが,②の性別では特徴付けができない.クラスター1は$n_1 = 94$で,個体情報から24歳以下の青少年層である.死因の詳細は省略するが,この層の死因として多いのは不慮の死・自殺・喘息（ぜんそく）・心疾患（しんしっかん）などである.クラスター2は$n_2 = 113$で,個体情報から25歳〜65歳の成年層の集団である.この層の死因として多いのは**図4.9**右から読み取れるように,交通事故・自殺などである.最後のクラスター3は$n_3 = 113$で,個体情報から65歳以上の老年層の集団である.死因の詳細は省略するが,交通事故・自殺以外の原因による死亡が多い.

■コラム7：初期値で結果が変わる
　非階層的方法は初期値（最初のシードの与え方）によって結果が変わる.特に個体数nが小さい場合には大きく結果が異なる場合がある.また,クラスの比率が大きく異なる場合は,想定される最小のクラスの個数が少なくとも30個以上は必要である.そこそこ個体数がある場合でも,何度か初期値を変えて分析を繰り返す必要がある.得られた複数の結果から適合度指標だけでなく,知見に合っ

たものを選ぶとよい.

　図 **4.11** は《正規混合②》$n=1000$ から正規混合で 3 つのクラス
を発見した結果を示している. このデータから $n=100$ の標本を抽
出して, クラスター分析を行った結果を**図 4.12** に示す. 初期値に

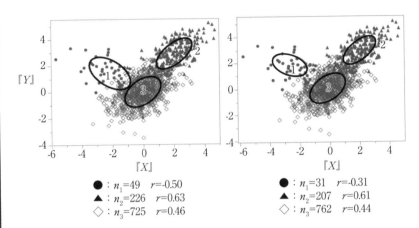

● ： $n_1=49$　$r=-0.50$
▲ ： $n_2=226$　$r=0.63$
◇ ： $n_3=725$　$r=0.46$

● ： $n_1=31$　$r=-0.31$
▲ ： $n_2=207$　$r=0.61$
◇ ： $n_3=762$　$r=0.44$

図 4.11 《正規混合②》の層別散布図（左）と正規混合でのクラス分け（右）

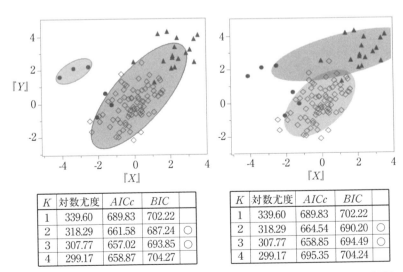

K	対数尤度	$AICc$	BIC	
1	339.60	689.83	702.22	
2	318.29	661.58	687.24	○
3	307.77	657.02	693.85	○
4	299.17	658.87	704.27	

K	対数尤度	$AICc$	BIC	
1	339.60	689.83	702.22	
2	318.29	664.54	690.20	○
3	307.77	658.85	694.49	○
4	299.17	695.35	704.24	

図 4.12 《正規混合②》から抽出された $n=100$ での 2 クラス分類（*BIC* 基準）

よって結果が大きく異なることがわかるであろう．また，*BIC*基準では3つのクラスではなく2つのクラスに分類することが最良とされている．このように，初期値の与え方でクラスの数も分類結果も変わる点に注意されたい．

第 5 章 判別分析

分類したいクラスの情報がデータに含まれているものを**教師ありデータ**と呼ぶ．分類のゴールはクラス分けのルールを発見することだけでなく，見つけたクラス分けのルールを使って所属不明の個体を正しく分類することである．本章では教師ありデータに対するパターン分類に使われる**判別分析**を紹介する．

5.1 判別分析の基礎

パターン分類ではクラスに関する質的な結果を出力する．出力が2クラスの場合を**2クラス分類**といい，3クラス以上の場合を**多クラス分類**という．本節では1つの特徴量を使って基本となる2クラス分類の考え方を紹介する．

5.1.1 教師ありデータの分類

統計学では，古くからパターン分類に**判別分析**が使われてきた．判別分析では，統計的な制約に注意を払う必要がある．「判別分析は，**多変量正規分布**に従う**母集団 K_1 あるいは K_2 から無作為に抽出された標本の観測値を使った統計モデル**」である．つまり，判別分析は無作為標本抽出の際に生じる誤差の影響（群内の分散共分散）を考慮したモデルなのである．個体を正しく分類するためには「誤差はないほうがよい」に決まっている．しかし，小標本を対象に考えられた統計モデルは誤差抜きには語れない．以下は，判別分析の基本的な誤差に関する約束をまとめたものである．

❶ 得られた個体はあらかじめ2つの母集団 K_1 か K_2 のどちらかに属していること

❷ 2つの母集団は同じ母分散母共分散をもつ多変量正規分布に

従っていること（式(5.1)は多変量正規分布の確率密度）

$$f(\boldsymbol{y}) = \frac{1}{\sqrt{(2\pi)^p|\boldsymbol{\Sigma}|}} \exp\left[-\frac{1}{2}(\boldsymbol{y}-\boldsymbol{\mu}^{(k)})'\boldsymbol{\Sigma}^{-1}(\boldsymbol{y}-\boldsymbol{\mu}^{(k)})\right] \tag{5.1}$$

❸　簡単のためにどちらの母集団から標本が得られるかは平均的に
50％ずつとすること

　ここで，式(5.1)の$\boldsymbol{y}$は個体がもつp個の観測値のベクトル，$\boldsymbol{\mu}$はp個
の母平均ベクトル，$\boldsymbol{\Sigma}$は$p \times p$の母分散母共分散行列である．また，$k=$
1，2は所属するクラスを表している．判別分析の通常の説明では後で
紹介する判別関数を使って計算した判別スコアの正負によって分類する
方法であるが，一言でいうと式(5.1)を使って，得られた個体の観測値
が2群の母平均ベクトルのどちらに近いかで分類する方法である．距離
が「近いか遠いか」の定義は，ユークリッド距離（私達が普段使ってい
る距離）ではなく，確率を基準とした**マハラノビス汎距離**で計算する．
多変量正規分布のパラメータは未知であるが，標本の観測値から計算し
た平均と分散共分散を推定値として利用する．

5.1.2 【ケーススタディ⑭：鮭と鱸の判別分析】

　ケーススタディ⑭は缶詰工場の話である．次々にベルトコンベアに載
せられてくる魚を，熟練者が目にも止まらない速さで選別している作業
を思い浮かべてほしい．この選別作業の自動化が必要となったとする．
工場では光学計測器を使い，鮭と鱸を選別することを考えた．カメラ
を用意していくつかの標本を撮影し，2種類の魚の特徴的な違いを探す．
特徴的な違いとは長さ・明るさ・幅・ヒレの数や形・口の位置などで，
それらは特徴量の候補になる．それらの特徴量を使い，パターン分類の
アルゴリズムを考える．

　缶詰工場のケースでパターン分類の手順を示したものが**図5.1**である．
手順❶で鮭と鱸の違いを見つける特徴を考える．手順❷でカメラが魚の
画像を捉える．手順❸で画像から分類に有意義な情報を失うことなく，
以降の処理を簡単にするための**前処理**を行う．前処理では分割処理をし
て魚の画像を他の魚や背景から切り出す．こうして，1匹の魚だけの情

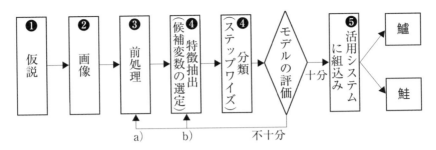

図5.1　判別分析を使ったパターン認識の流れ

報にもとづいて**特徴抽出**ができる準備を整える．その際，画像の変動
(照明の変動やコンベア上の魚の位置，カメラの電気的なもの)など，さ
まざまな外的変動を**ノイズ**として取り上げる．ノイズはパターン分類の
阻害になるので，**ロバスト**な特徴量を発見することが大切である．手順
❹は前半と後半に分けて考える．前半の特徴抽出では無数の候補からp
個の特徴を計測することでデータ量を減らすことができる．手順❹の後
半では得られた特徴を使って実際に**分類**する．分類とは発見した判別
ルールを評価して，魚がどちらの種に属するかを定めることである．こ
のプロセスでは合理的なアルゴリズムを発見し，有用な判別装置を作り
上げる必要がある．判別分析を使ったアルゴリズムは，p個の特徴量か
ら分類に役立つ非冗長な特徴量を探すために**ステップワイズ**を使う．判
別結果が不十分な場合は，**図5.1**下のa)のように前処理のステップま
で戻って改善を行うか，b)のように特徴抽出のステップまで戻って特
徴量の候補を再検討することになる．

　経験的に缶詰工場では「鱸は鮭より太い」ことがわかっているとする．
このことから，「鱸の代表値は鮭の代表値より太い」という仮説を作る
ことができる．仮説を統計的に検証するために鮭と鱸の画像を何匹か撮
る．前処理を経て，魚の『幅』が1つの特徴量として選ばれて，画像か
ら『幅』が計測される．得られた観測値を使い，『幅』の値から魚の分
類ができないかを調べる．判別の考え方は，「『幅』が閾値 $\overset{\text{シータ}}{\theta}$ より小さ
いときは鮭に，θよりも大きいときは鱸に分類する」という簡単なもの
である．θを決めるために，鮭と鱸の標本をそれぞれ同数($n=89$匹)用

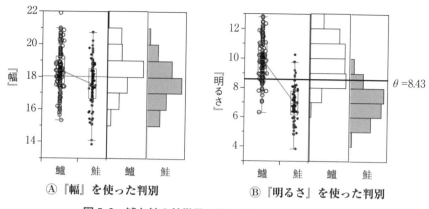

図5.2　鱸と鮭の特徴量の箱ひげ図とヒストグラム

意し，それらの『幅』を計測したとする．その結果が《鮭と鱸》に記録されている．《鮭と鱸》のデータをグラフにして眺めてみよう．

図5.2-Ⓐは鮭と鱸の標本から作成した，『幅』の箱ひげ図とヒストグラムである．残念なことに，平均的に鱸は鮭よりも長いことが確認できたが，どのようなθを選んでも両者を上手に分類することはできない．次に，別な特徴量としてウロコの『明るさ』を取り上げる．その様子を**図5.2**-Ⓑの箱ひげ図とヒストグラムで示す．すべての個体を誤りなく分類することはできないが，『幅』よりは上手に分類できている．

ここで，**図5.2**-Ⓑのヒストグラムに記入された値，$\theta = 8.43$ はどのように計算されたものであろうか．話を簡単にするために，鮭も鱸も『明るさ』は正規分布に従う確率変数で同じ母分散をもつと考える．また，θは同じ大きさの標本数 $n = 89$ の観測値を使って計算されたものとする．鮭の『明るさ』の母平均がμ_1で，鱸の『明るさ』の母平均がμ_2であるとき，全体の母平均$(\mu_1 + \mu_2)/2$ を閾値θとしたのである．母平均が未知なので，代わりに標本の平均を母平均の推定値として使う．計算すると，鮭の平均＝6.95 と鱸の平均 9.91 の平均である$\theta = 8.43$ が得られる．

5.1.3 判別分析の考え方

　判別分析では「特徴量のばらつきは標本抽出の際に生まれた**偶然誤差**であり，この誤差は**正規分布**に従う」と考えている．ケーススタディ⑭では，『明るさ』という特徴量から魚を鮭と鱸の2群に分けることを考えた．前提として，鮭と鱸の『明るさ』はともに正規分布に従っていると仮定し，2群の母分散は等しいと考えた．加えて，母集団としてベルトコンベアで運ばれてくる鮭と鱸の数は平均的に同じと考えたのである．これだけの仮定がそろえば，鮭と鱸の違いを母平均の差で判断できる．もちろん，好き勝手に仮定することはできないので，事前に確認が必要である．

　この仮説をグラフにしたものが**図5.3**である．母平均や母分散は未知なので，代わりに推定値として標本の平均と分散を使う．統計的には標本数 n が大きくなるほど推定値の確からしさは増す．**図5.3**では推定値であることを示すために，パラメータ（ここでは母平均 μ）にハットをつけている．新たな魚がベルトコンベアで運ばれてきたとき，鮭を鱸と読み誤る損失と鱸を鮭と読み誤る損失が同じであれば，この魚の『明るさ』が2つの母平均のどちらに近いかを計算すれば鮭か鱸かを判別できるであろう．つまり，閾値として母平均の平均 $\theta = (\mu_1 + \mu_2)/2$ を使えば

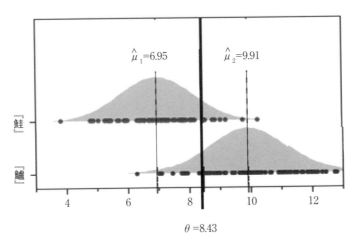

図5.3　特徴量が1つで2グループに判別する場合の考え方

よい．このθよりも明るいウロコであれば鱸だと考え，θのほうが明るければ鮭だと考えて分類すればよいわけである．

5.1.4 誤分類した場合の損失

ここまでの話は暗に鮭を鱸に間違える損失と鱸を鮭と間違える損失は同じと考えている．しかし，顧客が「鱸の缶詰に鮭は混入しても大して気にしないが，鮭の缶詰に鱸が混じっていたら大いに怒る」としたら，損失の大きさを考慮した境界を考える必要がある．**図5.3**で鮭に鱸が混じることを防ぐためにはθを小さくする工夫が必要となるだろう．

例えば，誤分類が起きたときはクラス別にペナルティを変えて，θと損失Lのグラフから妥当なθの判断をすればよいであろう．「鮭を鱸と誤分類した場合は100円の損失があり，逆に鱸を鮭と誤分類した場合は100円の損失を想定するA案」と，「鮭を鱸と誤分類した場合は100円の損失があり，逆に鱸を鮭と誤分類した場合は200円の損失を想定するB案」を比較してみよう．その結果を**図5.4-Ⓐ**に示す．横軸が『明るさ』で縦軸が生産量に対する『損失金額』である．

図5.4-Ⓐ下側の破線の曲線がA案，上側の実線の曲線がB案で，これらは**第1章**で紹介した**カーネル平滑化**を使ってスムージングしたものである．ペナルティの重みの違いからθ＝8.43から大きくなるほど，A案とB案の損失の差が大きくなる．驚いたことに，どちらの案もθが

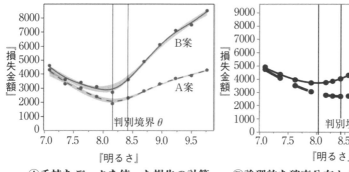

Ⓐ手持ちデータを使った損失の計算　　Ⓑ論理的な確率分布からの損失の計算

図5.4　判別境界を変更した場合の損失金額

8.17のときに損失Lが最小になった．これは，標本の観測値をそのまま数えたことで起きた結果である．

　図5.4-⑧は判別分析の前提（鮭と鱸の『明るさ』はそれぞれ同じ分散をもつ正規分布に従う）による論理計算から得られたグラフである．A案の最小値は判別境界$\theta=8.43$で，θから離れるほど損失が大きくなる．B案ではペナルティの重みが違うので境界値を少し小さくして，8.03にすると損失Lがほぼ最小になることがわかる．

　このように，手持ちデータから損失Lを計算することと，母集団を対象にした論理的な損失Lの計算の結果が異なることに注意が必要である．分類先の予測は新しい個体を分類することが目的であるから，手持ちデータの分析結果よりも母集団を対象とした分類結果を重視する．なお，両者の乖離が大きい場合は手持ちのデータが判別分析の前提を満たしていない可能性がある．**図5.4**の左右のグラフの様子は似ているので，本例ではモデルの前提は満たされていると考えてよいであろう．

5.2　判別関数

　ケーススタディ⑭で見たように特徴量が1つの場合の判別モデルは誤分類が大きい．今度は，2つの特徴量を同時に取り上げて判別を行うことを考える．複数の特徴量を同時に取り上げた判別分析を重判別分析と呼ぶことがある．

5.2.1　判別関数の考え方

　缶詰工場の例から『明るさ』と『幅』の2つの特徴量を取り上げ，判別境界を考えよう．**図5.5**の散布図に描かれた直線を境界線と考えれば，「境界の上下で，鮭と鱸の分類ができそう」である．この直線はどのような考え方で作られたものであろうか．鮭と鱸を正しく判別できるように，$z=w_1x_1+w_2x_2+\theta$という重み付け和を考える．このzは**判別関数**と呼ばれる．問題は判別関数のパラメータ(w_1, w_2, θ)をどう推定するかである．それには鮭と鱸のグループ内の分散（**群内分散**：WV）を最小にす

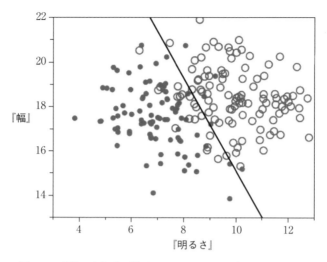

図5.5　『明るさ』と『幅』の平面上の鮭と鱸の判別境界

るようなzのパラメータを計算すればよい．これは，鮭と鱸の母平均の
分散(**群間分散**：BV)を最大にするzのパラメータを求めることと同値で
ある．図的な表現をすれば，判別スコアzで2つのクラス(群)の平均
(重心)の差が最も大きくなる重みwを求めることである．そして，各ク
ラス内のばらつきはともに同じ分散をもつ正規分布に従うとする．

　判別境界は得られたzが0になる『幅』と『明るさ』の組合せを直線
で表したものになっている．この直線を見つけるために以下の2つの方
法を考える．

　　❶　各群から群平均を引き，共通の確率楕円を作り，その短軸方向
　　　　を境界とする．

　　❷　『幅』と『明るさ』の散布図を適当に回転させ，最も判別がよ
　　　　くなる角度を探す．

　2つのクラスの分散共分散が等しいという仮説から，はじめに方法❶
を考える．鮭の群では観測値から鮭の平均をそれぞれ引く．同様に鱸の
群では観測値から鱸の平均をそれぞれ引く．これで両グループともに平
均の情報を消すことができる．平均の情報を取り除いた状態の散布図が
図5.6-Ⓐである．この散布図は信頼率95%の確率楕円が3つ加えられ

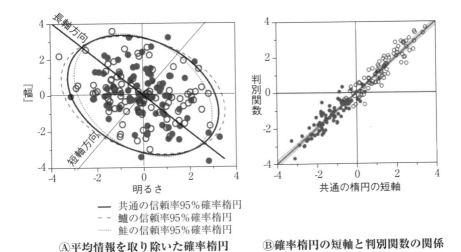

Ⓐ平均情報を取り除いた確率楕円　　Ⓑ確率楕円の短軸と判別関数の関係

図5.6　確率楕円と確率楕円の短軸と判別関数の関係

ている．1つは共通の確率楕円，2つ目は鱸の群の確率楕円，3つ目は鮭の群の確率楕円である．共通の確率楕円に対して，それぞれの群の確率楕円は似ているが同じではない．

得られた確率楕円の短軸に群平均の情報を加えたものと正しい計算をした判別関数の散布図を**図5.6**-Ⓑに示す．確率楕円の短軸から判別関数を説明する回帰直線を引くと寄与率 $R^2 = 0.94$ と強い一致性が認められるが，両者は等しくない．その理由は，互いの群内分散と群内共分散は近しいが等しくはないこと，各群の平均を結ぶ直線と求めた共通の確率楕円の短軸の方向とが一致していないことなどが考えられる．

次に方法❷を考える．**図5.7**は『幅』と『明るさ』の散布図を適当に回転させて，垂直方向でうまく判別できる方向を探したものである．Ⓐは元の散布図で，垂直方向，つまり『幅』だけではうまく判別できないことを物語っている．Ⓑは散布図を反時計周りに30° 回転させたものである．この回転によって，『幅』に少しだけ『明るさ』の情報が加えられ，少しだけ判別効果が上がっている．Ⓒは反時計回りに45° 回転させたものである．『幅』と『明るさ』の情報を半分ずつ入れた判別を考えたものになり，判別の効果はかなり良くなっている．Ⓓは反時計回

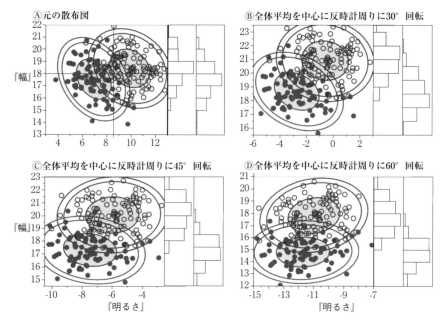

Ⓐ元の散布図

Ⓑ全体平均を中心に反時計周りに30°回転

Ⓒ全体平均を中心に反時計周りに45°回転

Ⓓ全体平均を中心に反時計周りに60°回転

『幅』

『幅』

『明るさ』

図5.7　全体平均を中心に座標を回転させた散布図

りに 60° 回転させたものである．判別に使う情報は『明るさ』のほう
が多くなった状態である．Ⓒよりも判別の状態が良くなっている．各散
布図の右に付け加えられた層別ヒストグラムから，Ⓐ〜Ⓓへ反時計回り
に回転させることで，2 群の平均(ヒストグラムの頂上付近)の距離が広
がっていることがわかる．また，2 つのヒストグラムの分散も少しずつ
狭くなっていることも読み取れる．❷の方法はグラフィカルに判別境界
を探すやり方であるため，推定する判別関数のパラメータに個人の技量
が出てしまう．

　そこで，以下では特徴量が複数ある場合に拡張できるように数学的な
説明を行う．まず，記号の定義を行う．各群の母平均をそれぞれ，
$\boldsymbol{\mu}^{(1)}=(\mu_1^{(1)}, \mu_2^{(1)}, \cdots, \mu_p^{(1)})'$，$\boldsymbol{\mu}^{(2)}=(\mu_1^{(2)}, \mu_2^{(2)}, \cdots, \mu_p^{(2)})'$ とする．太字の $\boldsymbol{\mu}$ はベクト
ルである．共通の分散共分散行列を $\boldsymbol{\Sigma}=(\sigma_{jj'})$ とする．判別モデルでは新
しい標本の観測値 $\boldsymbol{y}=(y_1, y_2, \cdots, y_p)'$ が得られたときに，$\boldsymbol{y}$ から $\boldsymbol{\mu}^{(1)}$ と $\boldsymbol{\mu}^{(2)}$ の
距離を計算して，近いほうの群に標本が属すると予測する方法である．

このときの距離は，各特徴量の分散共分散の影響を考えて，以下の式
(5.2)のように標準化した距離を計算する．

$$D_{(k)}^2 = (\boldsymbol{y}-\mu^{(k)})'\Sigma^{-1}(\boldsymbol{y}-\mu^{(k)}) \quad (k=1, 2) \tag{5.2}$$

このときの$D_{(k)}^2$は$\boldsymbol{y}$と$\mu^{(k)}$との間の**マハラノビス汎距離**と呼ばれる．こ
のままだと理解しにくいため，群1のマハラノビス汎距離を以下のよう
にまとめる．

- 特徴量1つ：$D_{(1)}^2 = (y-\mu^{(1)})'(\sigma^2)^{-1}(y-\mu^{(1)}) = \left[\dfrac{(y-\mu^{(1)})}{\sigma}\right]^2$

- 特徴量2つ：$D_{(1)}^2 = (y-\mu_1^{(1)}, y-\mu_2^{(1)})'\begin{pmatrix}\sigma_{11} & \sigma_{12}\\ \sigma_{12} & \sigma_{22}\end{pmatrix}^{-1}(y-\mu_1^{(1)}, y-\mu_2^{(1)})$

また，特徴量が2つの場合に出現確率が一定となる$\boldsymbol{y}$は，出現確率が
等しい楕円を描くことがわかる．このことから，マハラノビス汎距離が
近いほうの群に所属させるという考え方は，出現確率のより大きい群の
ほうに個体を振り分けることを意味する．

このことから，判別関数は，

$$z = \left[\dfrac{\boldsymbol{y}-(\mu^{(1)}+\mu^{(2)})}{2}\right]'\Sigma^{-1}(\mu^{(1)}-\mu^{(2)}) \tag{5.3}$$

を計算すればよいことがわかる．ここで，各群の母平均と母分散共分散
は未知なので，標本として得られた観測値から計算された平均と分散共
分散を使って，zのパラメータを推定する．このように書くと，とても
難しいことをしているように感じるであろう．

そこで，**図5.8**-Ⓐを使って概念的な説明をしよう．**図5.8**-Ⓐは煩雑さ
を防ぐために，『明るさ』と『幅』の散布図上で大半の打点を消して，
ごく一部の打点を残したものである．判別関数を計算するために，各打
点から求めるzの直線に垂線を下ろす．この垂線の2乗和が最小となる
ようにw_1とw_2の値を決めるのである．θは後から求めるとして，直線の
パラメータを推定する際の制約として，$w_1^2+w_2^2=1$とする．この制約に
より判別関数全体の分散は回転によらず一定で，減りも増えもしなくなる．

次に，zに落した各群の平均の差が一番大きくなるようなw_1を計算す
る．制約により，w_1が求まればw_2の値も決まる．後は，**図5.8**-Ⓑに示

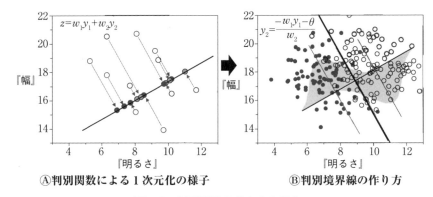

図5.8　判別関数の求め方の概念

すように，各群の平均を判別関数に与え，得られた2つの値の中点をθとする．θに-1をかければ判別境界が0に調整できる．こうして得られた判別境界（Ⓑに示された右下がりの太線）を使って，zが負であれば鮭に，正であれば鱸に分類すればよい．なお，Ⓑの判別境界は，$z=0$となる『明るさ』と『幅』の関係式，

$$y_2 = -\frac{w_1 y_1 + \theta}{w_2} \tag{5.4}$$

で計算できる．ここに，y_1は『明るさ』を，y_2は『幅』を意味する変数である．特徴量が増えても同様に考えて，p個の特徴量についての重み付き和，

$$z = \sum_{j=1}^{p}(w_j y_j) + \theta \tag{5.5}$$

の群内分散が最小となるように$\boldsymbol{w}$を求める．判別分析はp個の特徴量の次元を1次元に縮約したアルゴリズムである．

5.2.2 【ケーススタディ⑮：鮭と鱸の重判別分析】

　本項では，《鮭と鱸》の有益な特徴量は『幅』と『明るさ』の2つしかないとする．**図5.9**-Ⓐに『明るさ』と『幅』の散布図を示す．散布図には個体の疎・密を表す**等高線図**を加えている．図中の●が鮭を，○が鱸を表している．

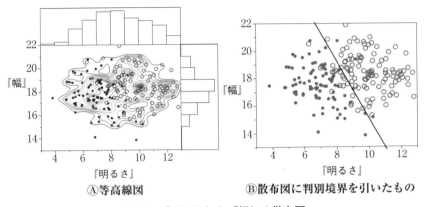

Ⓐ等高線図　　　Ⓑ散布図に判別境界を引いたもの

図5.9 『明るさ』と『幅』の散布図

図5.9-Ⓑは『明るさ』と『幅』の散布図に**判別境界線**を加えたものである。この直線（判別境界線）の上下で鮭か鱒かを判断すれば便利である。完全に分類ができていないが，単一の特徴量で判断するよりも良い判別ができている。

ここで注意してほしいことがある。多くの特徴量を使って誤分類率が小さくなっても，それは分析に使った手持ちデータに対する結果であり，新たな標本が得られたときに，そのモデルが役に立つかどうかは保証の限りではない。得られたモデルの良し悪しは誤分類率を小さくすることだけでなく，新たな標本に対しても正しく分類ができることが必要である。この確認には**第2章**で紹介したクロスバリデーションや正則化が有効であろう。また，得られたモデルが役に立つ適用範囲を明確にしておくことも大切である。

5.3　判別関数と外れ値

ビッグデータであれば，群の母平均から大きく外れたデータ（**外れ値**）が複数含まれていても判別関数に大きな影響を与えることは少ない。スモールデータの場合の判別関数は少なからず外れ値の影響を受けるため，判別境界も同様に外れ値の影響を受けてしまう。本節では外れ値の影響

を考えてみよう.

5.3.1 【ケーススタディ⑯：金属部品の重判別分析】

　委託先から金属パネルが入ってくる受入検査での話である. この金属
パネルには5つのツメがついており, ツメは複雑な形状をしている. 今
までこの部品は自社工場で生産していたが, 今後は協力会社に生産を委
託することになっている. この金属パネルの重要品質であるツメの平均
の『高さ』とツメの『整列度』は, 自社品と協力工場の試作品とでは大
きな違いが認められなかった. しかし, 組付けの際に委託品を使うと嵌
合に手間取るという問題が発生した. 自社品と委託品との違いを調べる
にはどうすればよいかを考えてみよう.

　図 5.10 は『高さ』と『整列度』の散布図である. マーカーの●が自
社品, ■が委託品を表している. 自社品と委託品の特徴を見つけるため
に判別分析を行う. ケーススタディ⑯では, 委託品の集団に意図的な外
れ値を追加し, その位置を図中で(a・b・c)で示している. 外れ値 a の
影響を調べる場合は, 外れ値 b と c は分析から除外する. 外れ値 b の影
響を調べる場合も外れ値 c の影響を調べる場合も同様に他の2つの外れ
値を除外する操作をする. **図 5.10** 右に数値で示すように, いずれの外
れ値も委託品の集団の平均・分散共分散に大きな影響を与えている.

　まず, 外れ値の位置を確認しておこう. 外れ値 a は委託品の集団の平
均から確率楕円の短軸方向にあり, 第3象限の遠い位置(散布図の左少
し下で自社品の集団を飛び越えたところ)にある. 外れ値 b は自社品と
委託品の判別境界線上にあり, 第4象限(散布図の右下)の方向に大きく
外れている. 外れ値 c は委託品の集団の確率楕円の短軸方向にあり, 外
れ値 a とは逆の第1象限(右少し上)で大きく外れている. ここでは, 3
つの外れ値が判別分析の結果にどのような影響を与えるのかを調べよう.

　図 5.11 は外れ値の影響を受けた判別関数と判別境界線の変化の様子
を示したグラフである. 2つの楕円は外れ値がない状態での信頼率95%
の確率楕円を表している. 第2象限から第4象限に右下がりの4本の直
線が判別境界線を示したものである. それぞれ実線が外れ値のない場合,

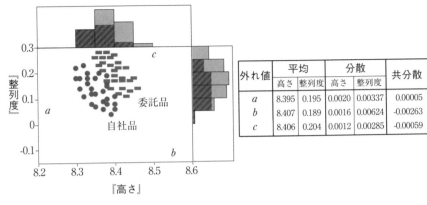

注) 外れ値はヒストグラムには反映されていない.

図5.10 外れ値の影響力を調べるために用意した散布図

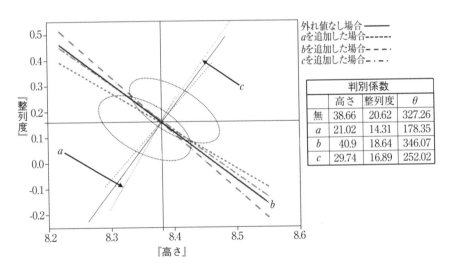

図5.11 判別境界に与える外れ値の影響

点線が外れ値 a の影響を受けた場合,破線が外れ値 b の影響を受けた場合,一点鎖線が外れ値 c の影響を受けた場合の判別境界線である.

　また,第3象限から第1象限に右上がりの4本の直線が判別関数である.全体平均を通るように切片 θ を調整している.こちらも,それぞれ線が外れ値のない場合,点線が外れ値 a の影響を受けた場合,破線が外

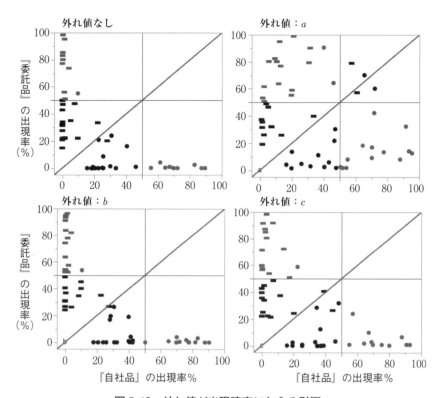

図 5.12　外れ値が出現確率に与える影響

　れ値 b の影響を受けた場合，一点鎖線が外れ値 c の影響を受けた場合を表した直線である．判別関数も判別境界線も，外れ値の影響はさほど感じられないかもしれない．

　しかし，2 群の平均から各個体へのマハラノビス距離に対応した出現確率をグラフで表すと話は変わる．**図 5.12** を眺めてほしい．左上の外れ値がない場合のグラフと左下の外れ値 b を追加した場合の打点の様子は大きく変わらないが，右上の外れ値 a や右下の外れ値 c を追加したグラフでは外れ値がない場合と大きく様子が異なる．

第6章 サポートベクターマシン

判別の目的は境界を決めることでもあるから，境界付近にある点を重視し，境界から遠い点を無視するほうが都合のよい場合がある．その要求に答えてくれるのが本章で紹介する**サポートベクターマシン**(**SVM**)である．SVM は機械学習の主要なアルゴリズムの 1 つで，線形な方法とカーネル法を用いる非線形な方法とがある．

6.1 線形 SVM の基礎

判別分析ではすべての個体を使って判別境界を求めている．その際，観測値は多変量正規分布に従う確率変数であること，また，各群の母分散と母共分散は等しいという前提にもとづく．この前提はある意味で行儀が良すぎるものである．**線形 SVM** は判別に役立つ個体を数理的に選んで，少数の観測点(**サポートベクター**)で判別境界を定める方法である．

6.1.1 【数値例⑩：判別分析の弱点】

データの背後に正規性・等分散共分散性といった統計仮説が成り立っている条件で判別分析が行われる．もし，その仮説が崩れた場合にはどのようなことが起きるのかを数値例で確認する．**図 6.1**-Ⓐは《判別分析の弱点》のデータファイルから『x』と『y』を『クラス』で分けた確率楕円を追記した層別散布図である．『クラス』は C1 がマーカーの△で，C2 がマーカーの○で識別されている．2 つの確率の様子(長軸の方向や楕円の短軸方向の幅)から，「2 つのクラスに等分散共分散性が成り立っている」とグラフからは感じられない．統計仮説が崩れている状況で判別境界を求めると何が起こるであろうか．判別分析で得られた判別境界を追記したグラフを**図 6.1**-Ⓑに示す．C1 を C2 と誤分類することはないが，C2 を C1 と誤分類することが多い結果となった．グラフ

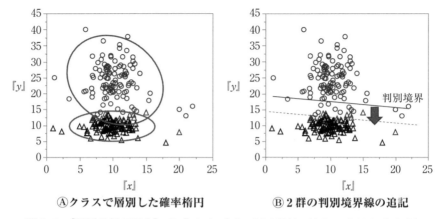

Ⓐクラスで層別した確率楕円　　　　Ⓑ2群の判別境界線の追記

図6.1　《判別分析の弱点》の『x』と『y』での判別（△はC1，○はC2を表す）

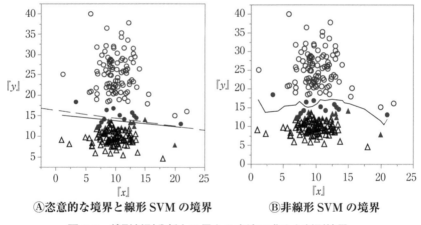

Ⓐ恣意的な境界と線形 SVM の境界　　　Ⓑ非線形 SVM の境界

図6.2　線形判別分析とは異なる方法で求めた判別境界

から直感的に，「判別境界線を垂直方向にもっと下げたほうがよい」と
感じるであろう．

　そこで，主観的に境界に近い観測点だけを使って判別分析を行い，新
たな境界線を引くことを考える．図6.2-Ⓐの実線は●と▲以外の観測
点の重みを0にした場合の判別境界である．すべての観測点を使った判
別境界線よりもよい判別結果が得られている．しかし，このような恣意
的な方法は分析者の主観が色濃く反映されるので，客観性に乏しく好ま

しい方法とはいえない.

ところで,図中の破線は線形 SVM により求めた判別境界線である.こちらの直線は客観的な基準で選定された観測点を使って得られたものである.また,**図 6.2-Ⓑ**の複雑な境界は非線形 SVM により求めた判別境界線である.非線形 SVM のほうがよい判別ができているように感じられるであろう.以降では,判別境界を求めるためにどのような基準で観測点が選ばれるのか,および,SVM の概念を説明する.

6.1.2 【数値例⑪:必要な個体だけを使った分類】

SVM は広く使われている学習アルゴリズムの 1 つである.判別分析は,すべての個体の情報を使って判別境界を計算するが,SVM では分類に必要な個体の情報(分類をサポートするベクトルとして)を使って判別境界を計算する.また,カーネル法と組み合わせることで,非線形な判別を行うことができ,高い判別性能が得られる.

図 6.3 は《SVM》の『X』『Y』に線形な判別モデルをあてはめた結果を示したものである.SVM では判別境界をサポートするベクトルは境界に面した個体を利用する.《SVM》では,クラス 1 から 2 つ(◆のマーカー)とクラス 2 から 1 つ(◇のマーカー)を使って判別境界を作る.

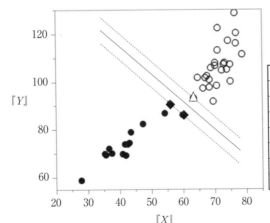

● クラス1のマージン外
◆ クラス1のマージン上
△ クラス2のマージン内
○ クラス2のマージン外

クラス	C1	C2
個体数 n	15	25
サポートベクター数	2	1
マージン上の数	2	0
マージン内の数	0	1
誤分類数	0	0
カーネル関数	線形カーネル	
正則化(コスト)パラメータ c	10.0	

図 6.3 《SVM》の線形な判別境界

図中の実線は判別境界を，破線はマージンを加えた境界線を表している.

6.1.3　SVM の特徴

　判別分析も SVM も判別関数の符号で，どちらのクラスに所属するか
を決定する. 判別分析では**図 6.4**-Ⓐのように正規分布を仮定しており，
マハラノビス距離を基準に分類する. 判別境界は各クラスの平均からの
マハラノビス距離が等しい点になる. SVM では**図 6.4**-Ⓑのように判別
境界は各クラスの 1 番近い個体からできるだけ距離をとるように作られ
る. これを**マージン最大化**という. この判別境界線に 1 番近い観測点を
サポートベクターという. この名前の由来は，観測点が境界を支える
(サポートしている)ベクトルであることから来ている. **図 6.4** はサポー
トベクターの数が 2 つの例を示している. 一般に，サポートベクターの
数が少ないと小さな次元で分類できており，判別境界は単純である. 一
方，サポートベクターの数が多いと誤分類の数が見た目で少なくなるが,
高い次元で分類されているので判別境界が複雑になる. サポートベク
ターの数が必要以上に多い場合は，モデルが**過学習**している可能性が高
く，汎化性能が劣っている可能性がある. また，SVM はモデルの再構
築が容易であることが知られている. それは判別境界に近い個体と新し
い個体だけを使ってモデルの再構築を行うからである.

　ところで，SVM にも弱点がある. それは，計算時間が個体数 n に大
きく依存することである. 後述する**カーネルトリック**によって特徴量の

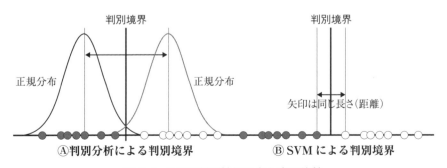

図 6.4　2 つの判別境界の考え方の比較

数 p への依存は小さくなるが，個体数 n が多くなるに従い計算にかかる時間が膨大になる．また，解釈上にも弱点がある．非線形な SVM の計算はカーネル関数を使った高次元での線形モデルであるから，実際の観測点の空間に戻すと複雑な判別境界を作ることになる．このため，判別境界は人が理解できる式の形で求めることができない．つまり，良い分類ができるのだが分類した理由が分析者にもわからないという状況が発生する．このことが，SVM は予測向きであるが，因果推論や応答の制御には向かない理由となる．

6.1.4 マージン最大化の数理

SVM は**マージン最大化**により高い汎化性能をもつことができる．ここでは，特徴量が 2 つの場合のマージン最大化について考える．マージン最大化にはハードマージンとソフトマージンがある．はじめにハードマージンについて説明しよう．いま，判別関数，

$$f(x_1, x_2) = w_1 x_1 + w_2 x_2 + \theta = \boldsymbol{w}' \boldsymbol{x} + \theta \tag{6.1}$$

を考える．判別超平面から 1 番近い個体の観測値 x_i までの距離 d_i はヘッセの公式により，

$$d_i = \frac{|\boldsymbol{w}' \boldsymbol{x}_i + \theta|}{\|\boldsymbol{w}\|} \tag{6.2}$$

になる．d_i は**マージン**と呼ばれ，SVM はマージンを最大化することが目的である．このとき，判別関数 $f(x_1, x_2)$ は符号でクラスを分類する方法である．ここで，

$$y_i \cdot (\boldsymbol{w}' \boldsymbol{x}_i + \theta) \geq 1,\ y_i \in \{-1, 1\} \tag{6.3}$$

に従うとすれば常に正しく分類できている．この状態はハードマージンと呼ばれる．この条件の下で d_i を最大化することは，

$$\max d_i \sim \max \frac{2}{\|\boldsymbol{w}\|^2} \propto \min \|\boldsymbol{w}\|^2 \tag{6.4}$$

となり，$\|\boldsymbol{w}\|$ を最小化することになる．ハードマージンは間違えずに分類できることが前提である．しかし，学習データに使うすべての個体を正しく分類してしまうと過学習を起こしてしまう．また，個体の観測値

にはノイズが含まれていることもあるので，ハードマージンの条件にある程度の間違いを許す（条件を緩める）ための関数を追加することを考える．その関数を $\overset{\text{グザイ}}{\xi}$ とする．ξ を導入した制約条件は，

$$y_i \cdot (\boldsymbol{w}'\boldsymbol{x}_i + \theta) \geqq 1 - \xi_i，\ y_i \in \{-1,\ 1\}，\ \xi i \geqq 0 \tag{6.5}$$

となる．この制約で $\xi_i \geqq 1$ である場合が誤分類された個体となる．また，

$$0 < \xi_i < 1 \tag{6.6}$$

である場合はサポートベクター（破線）よりも判別境界（実線）に近い個体であり，マージン内の個体となる．それより外側にあるのがマージン外の個体である．また，誤分類の数は ξ_i の総和よりも小さくなる．**図6.5** はソフトマージンの考え方を図にしたものである．

　新しい制約でのマージン最大化は，

$$\max d_i \sim \min (\|\boldsymbol{w}\|^2 + c\textstyle\sum \varepsilon_i) \tag{6.7}$$

となり $\|\boldsymbol{w}\|$ と ε を最小化する．この c は正則化パラメータと呼ばれる．どのような c が良いかは，さまざまな c の結果を評価して，汎化能力の最も良いものを選択する必要がある．評価には**第2章**で紹介したクロスバリデーションを使うとよいであろう．

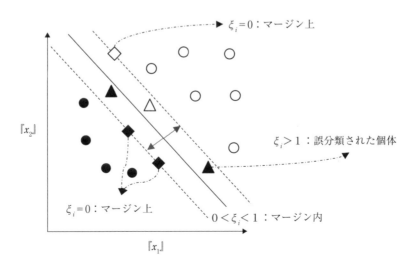

図6.5　ソフトマージンの考え方

6.1.5 多クラス分類の考え方

　ここまで，2クラス分類の SVM を紹介してきた．本来，SVM は2クラス分類の方法である．少し工夫をすれば多クラスに応用できる．多クラスに応用するための方法を2つ紹介する．まず，**OVR**(One-Versus-Rest：1対他分類)法である．OVR はあるクラスとその他のクラスすべてを1つのクラスと考えて，SVM をクラスの数だけ求める方法である．このため，**図6.6** に示すように，k クラスの分類には k 個の SVM が必要になる．次に，**OVO**(One-Versus-One：1対1分類)法を紹介する．この方法は，2クラスをペアにして分類する方法である．クラスが k ある場合は，**図6.7** に示すように $_kC_2$ の組合せ個数の SVM が必要となり時間がかかる．

6.1.6 SVM の一般的な手順

　SVM の一般的な分析の流れを**図6.8** に示す．
　事前分析として，手順❶でデータの収集と吟味を行い，研究目的の対

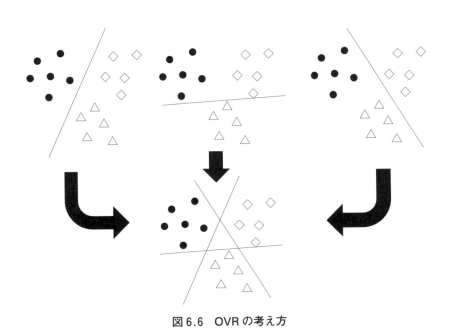

図6.6　OVR の考え方

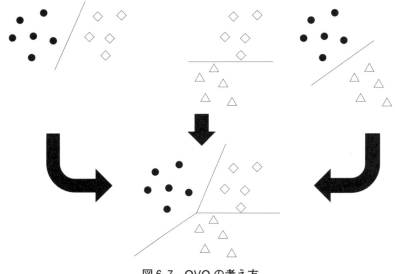

図6.7 OVO の考え方

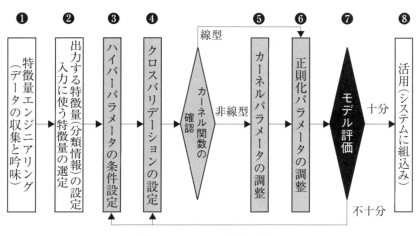

図6.8 SVM の分析の流れ

象となるデータを偏りなく集める．なお，動画や音声などのデータは特徴量として数値化する．データ収集の際に出力とする分類情報をもつ特徴量と入力とする特徴量を広く集め，集めた生データを吟味する．

手順❷では，対象とする個体が属するクラスが記載された分類情報を

出力に設定する．入力には数多くある特徴量のなかからクラス分類に役
立つと考えられるものを選ぶ．

　手順❸からが本分析になる．まず，ハイパーパラメータの条件設定を
行う．このとき，研究目的に合ったカーネル関数の設定とカーネルパラ
メータの設定，さらに，正則化パラメータについての条件設定を行う．
手順❹ではクロスバリデーションを設定し，そのやり方(ホールドアウ
ト検証，k-分割交差検証，leave-one-out 交差検証)や分割数を設定す
る．

　非線形なカーネル関数を選んだ場合は，手順❺でカーネルパラメータ
の調整を行い，通常は非線形なカーネル関数を選ぶ．そして，手順❻で
は正則化パラメータの調整を行う．なお，ソフトウェアによっては手順
❺と❻は同時に設定できるものもある．

　最後に，手順❼で得られたモデルの評価を行う．モデルの汎化性能を
評価して，不十分なら手順❸〜❹のステップに戻り，モデルを再検討す
る．データにモデルがよく適合しており，汎化性も高ければ，手順❽で
得られたモデルをシステムに組み込む．

6.1.7　【ケーススタディ⑰：鮭と鱸の線形SVM】

　《鮭と鱸》の『明るさ』と『幅』を使って，線形SVMで分類を行う
ことを考える．SVMでは，図6.8の手順❸で示したようにハイパーパ
ラメータの条件設定を行い，最初にカーネル関数を決める．カーネル関
数は多次元で判別を行うための重み関数である．SVMに使われるカー
ネル関数はさまざまであるが，線形関数(直線)・ガウス関数(動径基底
関数)・多項式関数などが用意されている．

　ケーススタディ⑰では線形関数を扱う．カーネル関数の形を決めたら，
クロスバリデーションの方法やカーネルパラメータを設定する．カーネ
ルパラメータはカーネル関数の形状を決めるために必要なパラメータで
ある．扱うカーネル関数によりパラメータの意味や数が変わる．最後に，
正則化(コスト)パラメータを設定する．このパラメータは間違いに対す
る許容量を決めるパラメータで，この値が大きいほど間違いに対して厳

しくなる．このようなハイパーパラメータの設定や順序はソフトウェアによって異なる．パラメータを変えたときに結果がどうなるかを確認しながら設定する必要がある．

　図 6.9 は『明るさ』と『幅』を使った線形 SVM の分類境界を追記した散布図である．なお，正則化パラメータは $c=10.0$ に設定している．判別境界線を作るために使ったベクトルは『鮭』で 23，『鱸』で 25 である．誤分類率を計算すると，$(8+12)/(89+111)=0.1$ となる．誤分類率は少し高い．判別分析では正規性の仮定が必要であったが，SVM ではその制約がない．個体が判別境界線のどちらの側にあるかだ

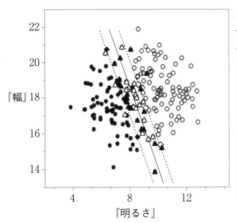

	鮭のマージン外	○	鱸のマージン外
●	鮭のマージン外	○	鱸のマージン外
◆	鮭のマージン上	◇	鱸のマージン上
▲	鮭のマージン内	△	鱸のマージン内

クラス	鮭	鱸
個体数 n	89	111
サポートベクター数	23	25
マージン上の数	2	3
マージン内の数	21	22
誤分類数	8	12
カーネル関数	線形カーネル	
正則化(コスト)パラメータ c	10.0	

図 6.9　《鮭と鱸》の線形な SVM の分類境界

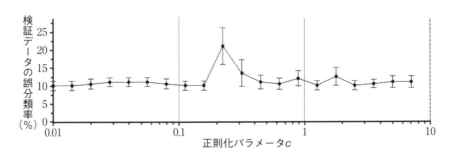

図 6.10　《鮭と鱸》の線形 SVM のモデル評価グラフ

けで，境界からどれだけ離れているかは関係がない.

　ところで，ソフトウェアによっては検証データを使った誤分類率を使って，推奨の c を提供してくれるものがある．図 6.10 は JUSE-StatWorks を使った k-分割交差検証$(k=10)$結果のグラフである．ケーススタディ⑰では $c=10.0$ が推奨の値である．ここで検証データはソフトウェアが無作為に選び出すので，分析するたびに結果が変わることに注意する．何度か分析を繰り返し，その結果から c を決めるとよい.

6.2 非線形 SVM の基礎

　線形 SVM では分類性能に限界がある．そこで，カーネル法の関数である多項式やガウス関数を使って高次元し，高次元空間で判別境界を考えよう.

6.2.1 1つの特徴量の2次元化

　古くから重回帰分析や判別分析でも多項式を使った高次元化が行われている．例えば，各クラス内の分散共分散が大きく異なる場合は2次判別分析が使われる．このときの判別境界は直線ではなく曲線で表される．ここでは，1次元の観測値を2次元化したときの SVM のご利益を考えてみよう.

　図 6.11-Ⓐは特徴量が1つの場合の1次元の世界での判別例である．直線ではうまく判別できない．ここで，高次元化が役に立つ．簡単な高

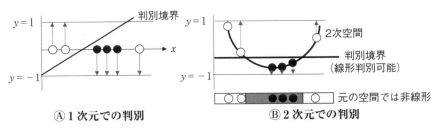

図 6.11　判別の高次元化の例

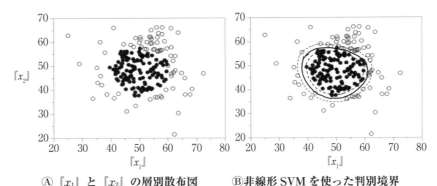

Ⓐ『x_1』と『x_2』の層別散布図　　Ⓑ非線形 SVM を使った判別境界

図 6.12　《クアドロ》の『x_1』と『x_2』の平面での非線形 SVM の結果

次元化は 2 次元で考えることである．それは，特徴量 x を便宜的に x と x^2 の 2 つの特徴量として考えることである．**図 6.11**-Ⓑの 2 次元ではうまく判別ができている．この結果を元の 1 次元に戻すと非線形な判別境界になる．

6.2.2　【数値例⑫：2 つの特徴量の高次元化】

高次空間で分類ができる数値例を紹介する．**図 6.12**-Ⓐは《クアドロ》にある『x_1』と『x_2』を使った散布図である．マーカーの違いで，○がクラス 1 を●がクラス 2 を表している．見た目から，『x_1』と『x_2』の平面では判別境界を直線で表すことができないとわかる．このデータを高次空間に移すことを考える．データ分析に慣れていれば，ただちに「x_1, x_1^2, x_2, x_2^2, $x_1 x_2$ という 2 次項を使えば分類が可能」と思われるであろう．「そのとおり」と言いたいところであるが，クラス 2 は平面上で円の内側にきれいに分布していないので，そう簡単にはいかない．

ここでは，ガウス関数を重みに使った非線形 SVM を行った結果を**図6.12**-Ⓑに示す．ハイパーパラメータは，$c = 10$，$\sigma = 1.5$ に設定（JMP では $\gamma = 1/(2\sigma^2)$ という定義の下で γ を設定）した結果である．誤分類数は**表 6.1** にあるように，わずかに 2 個とよい結果となった．このように非線形 SVM を使うことで，精度の高い分類ができるようになる．

表 6.1 《クアドロ》の『x_1』と『x_2』の平面での非線形 SVM の結果

クラス	C1	C2
個体数 n	73	127
サポートベクター数	14	15
マージン上の数	3	5
マージン内の数	11	10
誤分類数	1	1
カーネル関数	ガウスカーネル	
カーネルパラメータ σ	1.5	
正則化(コスト)パラメータ c	10.0	

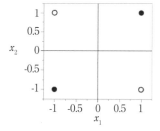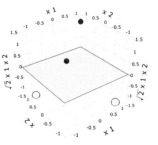

図 6.13　カーネル法の概念

6.2.3　カーネルトリックの考え方

図 6.13 の平面において，マーカーの違う 2 クラスをうまく分類することを考えよう．この場合は，2 次元から 3 次元に変換するとよい分類ができる．例えば，$\Phi(x_1, x_2) = (x_1, x_2, \sqrt{2}\,x_1 x_2)$ のように，回帰や分類を可能にすることをカーネル法という．しかし，次元が大きくなると，このような方法では計算量が膨大になるため実用的ではなくなる．

ところが，カーネル関数を使うことで膨大な次元の計算をせずに済むことが知られている．いま，p 次元の特徴量 $(x_1, x_2, \cdots, x_p)$ の特徴ベクトル $\boldsymbol{x}$ を高次元ベクトル $\Phi(\boldsymbol{x})$ で写像(変換)することを考える．このとき，i 番目と j 番目の個体の特徴ベクトル $\boldsymbol{x}_i$ と $\boldsymbol{x}_j$ の高次元ベクトルの内積 $\Phi(\boldsymbol{x}_i)'\Phi(\boldsymbol{x}_j)$ に注目しよう．この内積 $\Phi(\boldsymbol{x}_i)'\Phi(\boldsymbol{x}_j)$ がある条件を満たす場合

に，この高次元の写像は$\Phi(\boldsymbol{x}_i)'\Phi(\boldsymbol{x}_j)$で計算できることが数学的に証明されている．この内積が**カーネル関数** $k(\boldsymbol{x}_i, \boldsymbol{x}_j)$と呼ばれるもので，この性質は**カーネルトリック**と呼ばれている．つまり，カーネルトリックとは，高次元化により膨大になる特徴量を使わずに，個体側の計算で高次元での線形モデルを求めることができるという方法である．

また，SVMでよく使われる非線形なカーネル関数に，

- 多項式カーネル：$k(\boldsymbol{x}_i, \boldsymbol{x}_j)=(\boldsymbol{x}_i' \cdot \boldsymbol{x}_j)^p$
- ガウスカーネル：$k(\boldsymbol{x}_i, \boldsymbol{x}_j)=\exp\left[-\dfrac{\|\boldsymbol{x}_i-\boldsymbol{x}_j\|^2}{2\sigma^2}\right]$

がある．パイパーパラメータのpとσはクロスバリデーションにより最適化することができる．

以下に線形カーネルを含めたカーネル関数の特徴を簡単にまとめる．

❶　線形カーネル：解釈できる判別境界を得たい場合や特徴量の絞り込み
- 観測空間（実空間）での判別境界は線形で表すことができる．
- 判別関数は（重）判別分析のような式の形で求まる．
- カーネルパラメータは使わない．

❷　多項式カーネル：べき乗項の軸（次元）を増やした分類
- 観測空間での判別境界はカーネルパラメータpで特徴が変わる．
- 判別式はサポートベクターとの関係でしか得られない（解釈不能）．
- カーネルパラメータはべき乗項の最大次数を表している．

❸　ガウスカーネル：高い汎化性能（解釈不能）
- 観測空間での判別境界はカーネルパラメータの値が小さいほど複雑になる．
- 判別式はサポートベクターとの関係でしか得られない（解釈不能）．
- カーネルパラメータは高次元の空間でのデータの拡がり（分散）を意味する．

6.2.4 【ケーススタディ⑱：鮭と鱸の非線形SVM】

《鮭と鱸》のデータに線形SVMを使った結果は，精度のよい分類とはいえない．ケーススタディ⑱では，同じ問題にカーネル関数にガウスカーネルを使った非線形SVMを使うことを考える．カーネルパラメータのσとcをいろいろと試す必要があるが，ここでは$\sigma = 1.5$，$c = 10$に設定する．その結果を図6.14に示す．

誤分類率は$(9+7)/(89+111) = 0.08$である．このモデルの誤分類率は線形SVMよりも0.02だけ向上している．図6.14では煩雑さを防ぐために，マージンの内・上・外でマーカーを変えていないが，図中の実線の判別境界，破線のマージンからマージン内の個体がどれかは見て取れるであろう．なお，ハイパーパラメータの値を変えていけば判別境界の複雑さは増し，誤分類率を0にすることができるが，過学習により汎化性能が劣る恐れがある．図6.15にハイパーパラメータを変えたときの判別境界線と誤分類の変化を示す．cやσを大きくすると誤分類率は改善されるが，サポートベクターの数も増え，判別境界も複雑化していく様子が読み取れるであろう．Ⓐは間違いに寛容すぎるかもしれない．ⒷやⒸは間違いに厳しすぎるかもしれない．適切なハイパーパラメータ

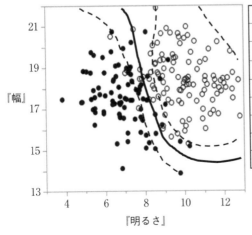

クラス	鮭	鱸
個体数n	89	111
サポートベクター数	25	25
マージン上の数	5	4
マージン内の数	20	21
誤分類数	9	7
カーネル関数	ガウスカーネル	
カーネルパラメータ σ	1.50	
正則化(コスト)パラメータc	10.0	

図6.14 《鮭と鱸》の非線形SVMの結果

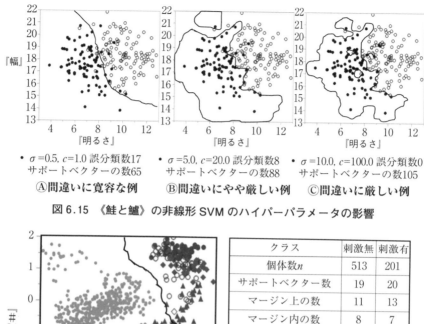

- σ=0.5, c=1.0 誤分類数17　　　• σ=5.0, c=20.0 誤分類数8　　　• σ=10.0, c=100.0 誤分類数0
  サポートベクターの数65　　　　　サポートベクターの数88　　　　サポートベクターの数105

Ⓐ間違いに寛容な例　　　　Ⓑ間違いにやや厳しい例　　　Ⓒ間違いに厳しい例

図6.15　《鮭と鱸》の非線形SVMのハイパーパラメータの影響

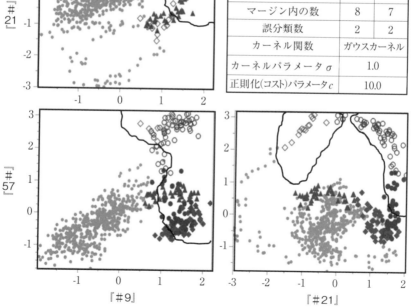

クラス	刺激無	刺激有
個体数n	513	201
サポートベクター数	19	20
マージン上の数	11	13
マージン内の数	8	7
誤分類数	2	2
カーネル関数	ガウスカーネル	
カーネルパラメータσ	1.0	
正則化(コスト)パラメータc	10.0	

注)　薄い●のマーカーが刺激無，それ以外のマーカーが刺激有.

図6.16　《誘発磁場》の非線形SVMの判別境界を追記した散布図行列

表6.2 《誘発磁場》のクロスバリデーションの結果

混同行列			

学習				検証			
実測値	予測値 割合		誤分類率	実測値	予測値 割合		誤分類率
反応時間帯	0	1	0.0070	反応時間帯	0	1	0.0000
0	0.995	0.005		0	1.000	0.000	
1	0.012	0.988		1	0.000	1.000	
実測値	予測値 割合			実測値	予測値 割合		
反応時間帯	0	1		反応時間帯	0	1	
0	409	2		0	102	0	
1	2	159		1	0	40	

を探すのはなかなか大変である.

6.2.5 【ケーススタディ⑲：誘発磁場の非線形 SVM】

　《誘発磁場》のデータを使って，脳が刺激を受けた時間とそうでない時間を非線形 SVM で分類することを考える.《誘発磁場》の観測位置間の相関は非常に強いものが多い. ケーススタディ⑲では 160 の特徴量をすべて使うよりも分類に影響のあると思われる 3 つの観測位置『♯9』『♯21』『♯57』を使うことにする. ハイパーパラメータはクロスバリデーションを使って，$c = 10$，$\sigma = 1.0$ に設定したガウスカーネルを用いる. その結果を**図6.16**に示す. なお，煩雑さを防ぐ意味でマージンの曲線は省略している. 分析の結果，誤分類率は $(2+2)/(513+201) = 0.006$ となるので，優れた分類ができている. また，クロスバリデーションの結果も**表6.2**に示すように良好である.

第7章 ロジスティック判別分析

困難な事態の判断を自身で決められない人は選択を占いに委ねる．占いは非科学的であるが，機械学習の予測も中身がブラックボックスであるという特徴から占いと同じと思われるかもしれない．しかし，機械学習ではアルゴリズムの良し悪しについて誤りを確認できるという反証可能性を有する科学的な基準をもっている．本章では**独立性の検定**や**ロジスティック判別分析**を紹介する．

7.1 独立性の検定

人は日々何かしらの選択(意思決定)に明け暮れている．我々は**因果律**(自然科学にもとづく物事の摂理)や過去の経験から将来のリスクを見積もり，正しい判断をしたいと願う．しかし，困難な問題ほど感情に左右され，極端な場合は判断を占いに頼ることすらある．いかなる問題でも統計学や機械学習は感情に左右されない道(場合によっては撤退や逃避など認めがたい選択)を教えてくれる．本節では独立性の検定に関する機械学習でも必要となる考え方を紹介する．

7.1.1 【ケーススタディ⑳：統計的な見方・考え方】

ある製造工場の話である．この工場には占い好きの工場長がいた．工場で生産される製品の重要な品質の1つに接着強度がある．接着強度は目標値に対して規格の幅で管理されている．規格外れのロットは不適合(N)として回収され再利用される．規格内に収まったロットは適合(G)として出荷される．この工場で作る製品の品質は安定していたが，ある年の夏に歴史的な猛暑に襲われ，6月中旬から品質検査でぽつぽつと不適合ロットが発生した．工場長が占いで鑑定すると，「4つの不適合ロットはすべて凶にあたる時間帯に生産されたもの」であった．このた

表7.1　吉凶鑑定と品質検査の結果の2元表

| | | 品質検査の結果 | | 計 |
		不適合ロット	適合ロット	
吉凶鑑定	凶の時間帯	❶　4	❷　4	8
	その他の時間帯	❸　12	❹　7	19
計		16	11	27

　め，彼は「生産の問題ではなく，凶の時刻に生産したことがファクトだ．凶の時間帯の生産はとりやめる」と叫んだ．

　ところで，**表7.1**はこの工場の1カ月間の品質検査の結果をまとめたものである．このような表は**2元表**と呼ばれる．2元表を使い，工場長の判断が正しいかどうかを考えてみよう．選ばれた4つの不適合ロットは凶の時間帯に作られたもの（**表7.1**の❶のセル）である．これだけでは工場長の鑑定の正しさを証明したことにはならない．占いでは往々にして❶のセルの結果だけで結論に導こうとするが，それは統計学が意図するところではない．凶以外の時間帯でも不適合ロットが発生している（❸のセル）し，凶の時間帯にも適合ロットが生産されている（❷のセル）．このため，4つの不適合ロットが凶の時間に作られたという理由だけでは，吉凶鑑定と不適合ロットに関連があるとはいえないのである．

　そこで，「不適合が発生したすべてのロットを集めて凶の時間に作られたもの（❶のセル）とそうでない時間帯に作られたもの（❸のセル）の数を比較したらどうか」というアイデアが浮かぶ．ところが，これは結果（不適合になった結果だけを集めた状態）で原因を層別しているので正しい評価にはならない．凶の時間に作られた適合ロット（❷のセル）とそうでない時間帯に作られた適合ロット（❹のセル）の結果も加えた4つの領域を調べる必要がある．

7.1.2　独立性の検定の考え方

　表7.1の2元表から吉凶鑑定と品質検査の結果に関係性があるかどうかを**独立性の検定**を使って判断してみよう．得られた品質検査の結果は

無作為に選ばれた $n=27$ の標本と考える．そのなかには吉凶鑑定で凶の時間に作られたロットが 8，その他の時間に作られたロットが 19 ある．このとき，吉凶の鑑定結果と品質検査の結果が互いに無関係（独立）であれば，凶の時間に作られたロットで不適合となる確率と，その他の時間に作られたロットで不適合となる確率は同じであるはずである．実際に計算してみると，

- 凶の時間での不良率：$p_1 = 4/8 = 0.50$
- その他の時間での不良率：$p_2 = 12/19 = 0.63$

となる．似たような確率であるが同じではない．

ここで，統計学では標本誤差を考える．無作為に選ばれた標本の観測値は個体ごとに異なるので，仮説を説明するために**確率分布**を考える．間隔尺度で使われる確率分布の代表格は**正規分布**である．正規分布は**母平均**μと**母分散**σ^2をパラメータにもつ．しかし，**表7.1**にまとめられたデータは名義尺度である．名義尺度では出現率，あるいは出現頻度のばらつきを表す確率分布に**二項分布**や**ポアソン分布**を使う．ポアソン分布のパラメータは λ （ラムダ）で**期待値**である．また，ポアソン分布の平均と分散は同じλである．独立性の検定では，ある条件下でポアソン分布は正規分布に近似できるという性質を利用し，互いに独立に正規分布から得られた標本を標準化した際の 2 乗和はχ^2**（カイ 2 乗）分布**に従うという性質を使う．その計算には，以下に示す式(7.1)を使う．

$$\chi_0^2 = \Sigma\left[\frac{(\text{実度数}-\text{平均})^2}{\text{分散}}\right] = \Sigma\left[\frac{(\text{実度数}-\text{期待値})^2}{\text{期待値}}\right] \qquad (7.1)$$

具体的な計算は，

$$\chi_0^2 = \frac{\left(4-8\times\frac{16}{27}\right)^2}{8\times\frac{16}{27}} + \frac{\left(4-8\times\frac{11}{27}\right)^2}{8\times\frac{11}{27}} + \frac{\left(12-19\times\frac{16}{27}\right)^2}{19\times\frac{16}{27}} + \frac{\left(7-19\times\frac{11}{27}\right)^2}{19\times\frac{11}{27}}$$

$$= 0.404$$

となり，χ_0^2は小さな値である．下つきの添え字 0 は，「各セルの出現確

率はお互いに独立である」という仮説(帰無仮説：H_0)の下で計算した
値であることを示している．ここで注意してほしいことは，「期待値は
各セルで異なる値」ということである．これは，セルごとに実度数と期
待度数の乖離を計算しているためである．表 7.1 の❶と❷の期待度数の
和は周辺度数 8 に，❸と❹の期待度数の和は周辺度数 19 に，さらに，
❶と❸の期待度数の和は周辺度数 16 に，❷と❹の期待度数の和は周辺
度数 11 になっている．このχ_0^2が 0 であれば，帰無仮説 H_0がドンピシャ
で当たっていることを示しており，吉凶鑑定の結果と品質検査の結果は
独立(無関係)であるといえる．値が 0 から大きくなるほど独立性の仮定
からの乖離が大きくなる．果たして，0.404 という値から鑑定と品質検
査の結果が独立であるといえるであろうか．

　帰無仮説の下では 2 乗和χ_0^2はχ^2分布に従うので，**自由度** $df=1$ のχ^2分
布において 0.404 以上の値が得られる確率を計算してみよう．ここでの
自由度とは制約のないセルの個数である．2×2 の 2 元表の場合はどこ
か 1 つのセルの値が決まれば，周辺度数との関係で，残り 3 つのセルの
値は決まってしまうので，自由度は $df=1$ ということになる．実際にχ^2
分布を使って確率を計算すると，

$$Pr\{\chi_0^2 \geqq 0.404, df=1\} = 0.525$$

となる．計算の結果，独立性の仮説の下でχ_0^2が 0.404 以上になる確率は
0.525 もあるので，吉凶鑑定と品質検査の結果は独立であることを否定
(**棄却**)できない．これより，ただちに「吉凶鑑定と品質検査の結果は独
立である」と言い切れないが，「吉凶鑑定と品質検査の結果には有意な
関連性がある」とは認められない．このため，「工場長の主張は信憑性
が弱い」と判断できるであろう．

7.1.3　偽陽性と偽陰性

　分類に使われるアルゴリズムの良し悪しを評価する際に，**偽陽性**とか
偽陰性など耳慣れない言葉が使われる．また，検査の正誤を整理した表
は**混同行列**(**誤判別表**)と呼ばれる．これらは臨床研究の分野で使われて
きた言葉である．本書の執筆時(2020 年)は，新型コロナウイルスの検

査キットの信憑性がニュースでとりあげられ，専門家から偽陽性や偽陰性といった言葉が聞かれた．ウイルスの感染が見つかれば100％陽性，なければ100％陰性となるような検査が理想である．実際にはそのような結果が得られることは稀で，ウイルスの感染があっても陰性になったり，感染がなくても陽性になったりすることがある．このため，最初の検査では陰性だったのに2度目の検査では陽性になったということが起きるのである．ここでは，ウイルスの感染を例に偽陽性と偽陰性などの意味と使い方を説明する．

　ある感染症を調べる検査をすると，表7.2に示すように感染しているのに検査が陰性になる偽りの陰性（偽陰性）や感染していないのに検査が陽性になる偽りの陽性（偽陽性）となる人が出る．感染後の時期によってウイルスなどの検出対象物が少なかったり，もともと検査が微量の病原体を検出できなかったりすると偽陰性の原因となる．偽陰性は統計的検定の**第2種の過ち**に相当する．一方，検査が目的の病原体以外の物質と反応すると偽陽性の原因となる．偽陽性は統計的検定の**第1種の過ち**に相当する．

　検査の偽陽性や偽陰性の程度は多数の患者を検査してわかることである．まず，最も信頼性の高いと考えられる方法で病気の有無（感染症なら感染のある・なし）を診断し，病気のあるクラス（陽性）とないクラス（陰性）それぞれの検査の結果を表7.2の本当の状態として，❺と❻を求める．次に，病気であるクラス❺を対象に，検査の陽性率（真陽性率）を

表7.2　混同行列（誤判別表）を使った偽陽性，偽陰性の説明

		検査結果		計	的中率
		陽性	陰性		
本当の状態	陽性	❶真陽性	❸偽陰性 （第2種の過ち）	❺＝❶＋❸	感度＝❶/❺
	陰性	❷偽陽性 （第1種の過ち）	❹真陰性	❻＝❷＋❹	特異度＝❹/❻
計		❼＝❶＋❷	❽＝❸＋❹	❾総計	誤判別率 ＝（❷＋❸）/❾
割合		陽性的中率＝❶/❼	陰性的中率＝❹/❽		

計算する．この的中率は検査の**感度**と呼ばれる．病気ではないクラス❻を対象に，検査の陰性率（真陰性率）を計算する．この的中率は**特異度**と呼ばれる．感度が非常に高いといえる検査は疾患を見逃すことは稀で，陰性結果で病気を否定するために優れた検査といえる．逆に，感度があまり高いとはいえない検査は結果が陰性でも一定の割合で見逃しが出ることに注意が必要となる．目的とする病気の可能性が高いときは検査を繰り返したり，他の検査を併用したりして対応する必要がある．一方，特異度が非常に高いと考えられる検査は偽陽性が稀で，結果が陽性であれば目的とする病気であると診断するのに適したものである．

　このように検査結果が陽性のときは，どれだけ病気のない人を病気であると過剰検出しないことが重要である．また，陰性であればどれだけ病気である人を見逃さず，病気でないことを判断できるかが重要である．これを**的中率**（**適中率**）と呼び，**陽性的中率**，**陰性的中率**が計算される．これらの的中率は，感度や特異度と異なり検査が使われる場面により変わる．

　例えば，ある疾患に対し感度99%，特異度99%という優れた検査を半分が疾患である集団に実施すると，**表7.3**左のように99%の陽性適中率が得られる．しかし，疾患が100人に1人しかいないような状況で用いられると，**表7.3**右のように適中率は50%となり，半数が偽陽性で占められる．このため，病気の診断に使う臨床検査では，診療情報などによって検査対象者を適切に選び，疾患をもつ確率を高め実施しないと，適中率の良い検査結果は得られない．このように同じ検査であって

表7.3　疾患に対し感度99%，特異度99%の混同行列

50%が疾患の集団に行った場合

		検査 陽性	検査 陰性	計
疾患	あり	99	1	100
患	なし	1	99	100
	計	100	100	200

陽性的中率 = 99/100 = 0.99

1%が疾患の集団に行った場合

		検査 陽性	検査 陰性	計
疾患	あり	99	1	100
患	なし	99	9801	9900
	計	198	9802	10000

陽性的中率 = 99/198 = 0.50

も，適中率は疾患をもつ患者の存在割合によって変わってしまうので，注意が必要である．

　また，**表7.3**では『検査』が要因で『疾患』が結果と考えてはいけない．『疾患』の状態が『検査』によってどう判断されたかを調べているので，『疾患』の有無が時間的に先行しており，『検査』の結果が時間的に後続となる作業である．このように，原因と結果の関係，時間的な先行後続の関係を理解しておくとよい．

7.2　ロジスティック判別分析の基礎

　ロジスティック回帰分析は適合・不適合など，出力が質的な結果を予測するための非線形な回帰モデルを求める方法である．計算機の能力が低かった時代には判別分析が使われていたが，それは誤用であり，ロジスティック回帰分析を用いなければならない．本節ではロジスティック回帰分析を利用した判別の考え方と使い方を紹介する．

7.2.1　ロジスティック回帰分析

　線形回帰分析は量的な特徴量xを入力して，量的な応答yの予測値を出力する，$\hat{y}=a+bx$という線形モデルを考えている．このため，xの値を適当に変えればyの予測値はいくらでも小さくなり，またいくらでも大きくなる簡単な予測法である．しかし，確率を予測するには，その簡単さがネックになる．確率の予測は$0\sim1$に収めないといけないからである．そこで，観測点の空間から別な空間にデータを移して線形化することを考える．得られた結果を観測点の空間に戻せば，予測値は$0\sim1$に収まる非線形なモデルが得られる．観測空間から線形なモデルが作れる別空間に移す変換を式(7.2)に示す．この変換は**ロジット変換**と呼ばれる．

$$z=\ln\left[\frac{y}{1-y}\right] \tag{7.2}$$

ここで，yは確率を表す特徴量である．zを予測する線形モデル，$\hat{z}=$

$a + bx$ のパラメータを求めているのがロジスティック回帰分析である．
実空間に戻すには，以下の式(7.3)で計算する．

$$\hat{y} = \frac{1}{1 + \exp(-a - bx)} \tag{7.3}$$

この変換のイメージを図 **7.1** に示す．ロジスティック回帰分析で扱う
y は確率であるが，（適合＝1／不適合＝0）のように 0 と 1 しかとらない

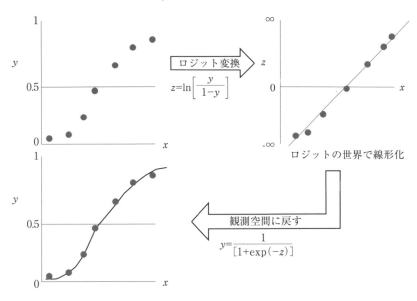

図 7.1　ロジスティック回帰分析の考え方

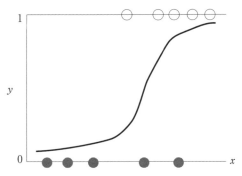

図 7.2　2 値ロジスティック回帰分析のあてはめの概念

2値データも扱うことができる．この場合は式(7.2)では直接計算できないが，最尤法を使うと**図7.2**に示した曲線で予測値を確率として表すことができる．

7.2.2 【ケーススタディ㉑：良否判定を予測するロジスティック判別】

　ケーススタディ㉑では《合否判定》に記録されているデータを使って，ロジスティック回帰分析を用いた例を紹介する．『品質』(適合/不適合)に影響を与える2つの要因，『溶液温度』と『水分率』があるとする．最初に，『溶液温度』と『水分率』の散布図，マーカーを変えて適合品と不適合品の違いを表してみる．その様子を**図7.3**に示す．散布図から適合品と不適合品は視覚的に2つの要因を使って分けることができそうに見える．

　そこで，『溶液温度』と『水分率』を使い，適合品(あるいは不適合品)が発生する確率 p を推定する統計モデルを考える．分析の最終目的は適合品の確率を予測することではなく，(適合／不適合)の分類である．そこで，適合品を不適合としたリスクと不適合品を適合としたリスクは同じと考えて，推定された確率が0.5となるような入力特徴量の組合せを境界と考える．これが，**ロジスティック判別分析**と呼ばれる方法である．ロジスティック判別の応答は名義尺度でも順序尺度でもかまわない．入力とする特徴量は質的でも量的でもよいが，1度に多くの特徴量を与えると消化不良を起こす．消化不良とは得られたモデルのパラメータの推定値が不安定になったり，せっかく推定されたパラメータからモデルの解釈ができなくなったりすることをいう．そのような状況の回避にはステップワイズや正則化が有効である．

　ケーススタディ㉑で考えている入力特徴量は2つであるが，2次項や交互作用項(積項)などを追加する場合もある．幸い，**図7.3**からは2次項や交互作用項をモデルに追加する必要はない．実際にステップワイズを行っても，2次項や交互作用項は選択されない．選ばれたモデルを式(7.4)に示す．

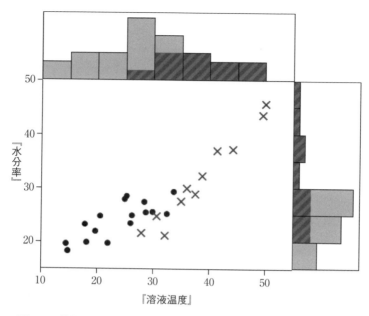

図7.3 『溶液温度』と『水分率』の散布図(●：適合，✕：不適合)

$$Pr(y) = \frac{1}{(1 + \exp(-z))} \qquad (7.4)$$

$$z = 14.38 + 1.01x_1 - 1.29x_2$$

　　　ここに，y：適合ロットの確率，x_1：『水分率』，x_2：『溶液温度』

　モデルの z（指数関数の中）は線形式で表される．式(7.4)の確率が $Pr(y) = 0.5$ となるような z の値を求める．式(7.4)を変形すれば，この値は 0 であることがわかる．そこで，z に 0 を代入して x_1 と x_2 の平面で境界を作る．実際に計算を行うと，

$$x_1 = \frac{1.29x_2 - 14.38}{1.01} = 1.27x_2 - 14.24 \qquad (7.5)$$

が得られる．この直線を追記した『溶液温度』と『水分率』の散布図を**図7.4**-Ⓐに示す．

　一方，**図7.4**-Ⓑは第8章で紹介する**ニューロ判別分析**を使って得られた判別境界を追記した『溶液温度』と『水分率』の散布図である．

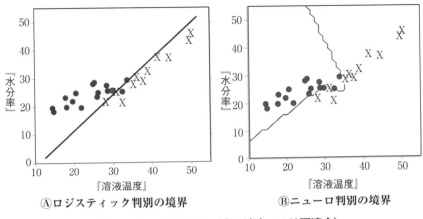

図 7.4　2 つの判別境界（●は適合，X は不適合）

ニューロ判別では複雑な判別境界が得られ，完全に（適合／不適合）を分類することができている．

7.3　ロジスティック判別分析の適用

7.3 節ではロジスティック判別の一般的な手順と，ここまでで触れていなかった分析プロセスで重要な項目を紹介する．

7.3.1　ロジスティック判別分析の一般的な手順

ロジスティック判別の一般的な流れを**図 7.5** に示す．

事前準備として，手順❶でデータの収集と吟味を行い，研究目的の対象となるデータを偏りなく集める．データ収集の際に応答に使う（良／否）などの結果情報をもつ特徴量と入力とする特徴量を広く集め，集めた生データを吟味する．手順❷では個体の状態を表すクラスが記載された質的な情報をもつ特徴量を応答に指定する．入力には数多くある特徴量のなかから候補となる特徴量を複数選定する．

手順❸からがデータの本分析になる．手順❸ではクロスバリデーションの設定（ホールドアウト検証，k-分割交差検証，leave-one-out 交差検証）を行う．手順❹ではロジスティック回帰モデルのパラメータを推

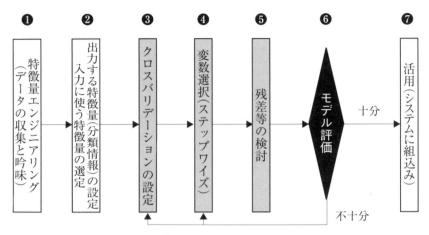

図7.5　ロジスティック判別の一般的な流れ

定する．ロジスティック回帰分析では，冗長な特徴量を取り除く目的で，入力の候補とした特徴量に対してステップワイズや正則化を行い，予測に役立つものを選ぶ．ステップワイズでは，スモールデータに対しては変数増減法を，ビッグデータであれば BIC 基準あるいは正則化を使うとよい．

　手順❺では残差の検討などモデルの診断を行い，残差やテコ比の状態などを確認する．モデルの診断方法は巻末の参考文献[19]などを参照してほしい．手順❻で得られたモデルの評価を行う．モデルの評価はロジスティック回帰モデルで予測される確率を使ってクラス分けを行う．特別な場合を除き，分類の閾値 $\overset{シータ}{\theta}$ は 0.5 に設定する．θ によって振り分けられた分類結果を使って，**ROC 曲線**や混同行列，誤分類率やモデルの汎化性能を評価する．その結果，分類結果が不十分なら手順❸〜手順❹のステップに戻り，モデルを再検討する．場合によっては，手順❷の入力の候補とする特徴量の見直しまで遡ることもある．データにモデルがよく適合しており汎化性も高ければ，得られたモデルを採用する．新たなデータで分類の確からしさを試行し，その結果が良好であれば正式にシステムに組み込む．

7.3.2 ROC 曲線（受信者動作特性曲線）

ROC 曲線は，**R**eceiver **O**peratorating **C**haracteristic curve の略で，日本語で受信者動作特性曲線という．もともとは，レーダーシステムの通信工学理論として開発されたもので，レーダー信号のノイズのなかから敵機の存在を検出するための方法として開発された．医薬分野の論文や学会発表でも，ROC 曲線と**カットオフ値**を記載しているものをよく見かける．ROC 曲線は，すでに紹介した**判別分析**や **SVM**，後述する**決定木（ランダムフォレスト）**などのアルゴリズムがどれぐらい有用なのかを知るときに使われる．ROC 曲線を使った評価指標は曲線下の面積（**AUC**：**A**rea **U**nder the **C**urve）によって定量化される．また，「この値以上は陽性（反応あり）」と診断する閾値，すなわちカットオフ値をどのように設定するかによって感度と特異度は変化する．そのため，陽性と陰性を分ける最適なカットオフ値を見つけることが重要になる．

7.3.3 【ケーススタディ㉒：ROC 曲線を使ったカットオフ値の算出】

　以下では ROC 曲線の作成方法とカットオフ値の求め方について，ケーススタディ㉑で使った《合否判定》のデータで説明する．簡単のために，入力に使う特徴量は『水分率』の１つとする．N（不適合ロット）の予測確率を p としたとき，ロジスティック回帰モデルは式(7.6)になり，式(7.6)より p は式(7.7)で計算できる．

$$\mathrm{Ln}\frac{p}{1-p} = -0.258\,『水分率』+7.333 \tag{7.6}$$

$$p = \frac{1}{1+\exp\left(0.258\,『水分率』-7.333\right)} \tag{7.7}$$

　このモデルを使って，N を陽性とし，G（適合ロット）を陰性として，ROC 曲線を求めてみよう．

　図 7.6 左は横軸に『水分率』，縦軸に『品質』が陽性（不適合）となる予測確率をとり，ロジスティック曲線を描いた特殊なグラフである．特殊という意味は，横軸の打点の位置は実際の『水分率』を表しているが，縦軸の打点の位置は各個体の実確率でも予測確率でもないからである．

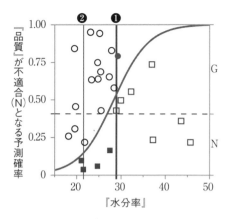

❶『水分率』が28.91で区切ったときの混同行列

		実際の品質		計
		N（陽性）	G（陰性）	
予測	陽性	7	1	8
	陰性	4	15	19
割合		感度＝0.636 （7/（7+4））	1−特異度＝0.063 （1−15/（1+15））	27

❷『水分率』が21.54で区切ったときの混同行列

		実際の品質		計
		N（陽性）	G（陰性）	
予測	陽性	10	12	22
	陰性	1	4	5
割合		感度＝0.909 （10/（10+1））	1−特異度＝0.750 （1−4/（12+4））	27

図7.6　ロジスティック曲線（左）と閾値を変えた場合の混同行列の例（右）

品質検査の結果が N である場合の縦軸の値は確率 0 とロジスティックモデルの予測値 p の区間でランダムに配置されたものであり，G の場合の縦軸の値はロジスティックモデルの予測値 p と確率 1 の区間でランダムに配置されたものである．ここで，図中の破線で示された水平線はデータ全体の N の比率 0.407 を示している．

　また，図中の垂線❶は『水分率』が 28.91 のところを判別境界として仕切ったものである．この値以上になると『品質』は陽性（N）と予測され，この値未満であれば『品質』は陰性（G）と予測される．図の□のマーカーは『水分率』が 28.91 以上で陽性のロット（真陽性）を示し，■のマーカーは『水分率』が 28.91 未満で陽性のロット（偽陰性）を示し，●のマーカーは『水分率』が 28.91 以上で陰性のロット（偽陽性）を示し，○のマーカーは『水分率』が 28.91 未満で陰性のロット（真陰性）を示している．4 つの異なるマーカーの数をそれぞれ集計すれば，**図 7.6** 右上に示す混同行列を作成できる．同様に，図中の垂線❷は『水分率』が 21.54 のところを判別境界として仕切ったものである．この場合の混同行列を**図 7.6** 右下に示す．このように，『水分率』の閾値をいくらにするかで混同行列の結果は変わる．

　そこで，混同行列の結果が最良となるような『水分率』の閾値を求め

ることを考える. **図7.7** 右に示す表を見てほしい. ❶列目には『水分率』の値を大きいほうから小さいほうに並べた値が縦に示されている. ❷列目には❶の値に対応した N と予測される確率 p の値が示されている. ❸列目には❶の値に対応した混同行列で計算される(1－特異度)の値が, ❹列には感度の値が示されている. ROC 曲線は縦軸に❹列の感度, 横軸に❸列の(1－特異度)をプロットし, 折れ線で結んだもの(階段関数)である. プロットは原点(0,0)を起点に, はじめは感度が上がり, 遅れて(1－特異度)が上がる. 最終的には, 感度と(1－特異度)も 1 (100％)になる. つまり, 陽性と予測する確率が高いロットが本当に陽性であれば, 「予測能力が高い」という当たり前のことを ROC 曲線は表しているのである. また, 入力の特徴量が複数ある場合は, ロジット z の値で並べ替えて, 個体の z で区切ったときの(1－特異度)と感度をプロットしたものが ROC 曲線になる.

　本ケースの ROC 曲線を**図7.7** 左に示す. 図中に表示されている AUC は曲面下の面積を表している. AUC が 1 のときが最良であり, 無作為(まったく無駄)なモデルであれば AUC の値は 0.5 となる. ケーススタディ㉒の AUC は 0.795 と計算できるので, それほど優れた結果ではないことがわかる.

　さて, ❺列目は『感度－(1－特異度)』(❹列－❸列)を計算した値が示されている. この計算は真陽性率(陽性を正しく予測する確率)から偽陽

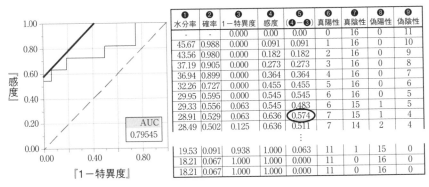

❶ 水分率	❷ 確率	❸ 1－特異度	❹ 感度	❺ (❹－❸)	❻ 真陽性	❼ 真陰性	❽ 偽陽性	❾ 偽陰性
-	-	0.000	0.00	0.00	0	16	0	11
45.67	0.988	0.000	0.091	0.091	1	16	0	10
43.56	0.980	0.000	0.182	0.182	2	16	0	9
37.19	0.905	0.000	0.273	0.273	3	16	0	8
36.94	0.899	0.000	0.364	0.364	4	16	0	7
32.26	0.727	0.000	0.455	0.455	5	16	0	6
29.95	0.595	0.000	0.545	0.545	6	16	0	5
29.33	0.556	0.063	0.545	0.483	6	15	1	5
28.91	0.529	0.063	0.636	0.574	7	15	1	4
28.49	0.502	0.125	0.636	0.511	7	14	2	4
⋮								
19.53	0.091	0.938	1.000	0.063	11	1	15	0
18.21	0.067	1.000	1.000	0.000	11	0	16	0
18.21	0.067	1.000	1.000	0.000	11	0	16	0

図 7.7　ROC 曲線と『感度』『1－特異度』などの一覧

性率(陰性を誤って陽性と予測する確率)の引き算であるから，❺列目の値が最大になるところが最適なカットオフ値と考えるのである．本ケースでの最大値は9行目の0.574(表の楕円で囲まれた値)である．0.574を与える❶列の『水分率』の値は28.91で，この値がNとGを分ける最適なカットオフ値ということになる．こうした手順で最適なカットオフを求める方法は **Youden's Index** と呼ばれている．また，❻列から❾列には『水分率』に対応した混同行列の各セルの頻度を計算した値が示されている．

第 8 章　ニューロ判別分析

> 　地図を眺めて国境の様子を調べてみると，米国の州境は概ね直線的で人工的に仕切られたように見える．一方，欧州の国境は大河や山脈の尾根など自然の状態に沿って国境が設定されてきたので複雑である．一見，複雑な境界でも，そのほうが理にかなっている場合がある．本章では複雑な境界も作ることができる**ニューロ判別分析**を紹介する．

8.1　ニューロ判別分析の基礎

　欧州の国境は大河や山脈の尾根など自然の状態に沿った複雑な境界が設けられている．2次元の地図では複雑な国境も標高などを加えた3次元で考えれば，複雑な境界も単純なルールで作られていたことが発見できるかもしれない．本節では脳の判断の動きに似せたニューロ判別分析の考え方を紹介する．

8.1.1　【数値例⑬：2次ロジスティック判別】

　図 8.1-Ⓐに示す散布図上の●と×のマーカーを分けるような境界を求めたい．図は《2次判別》から『x_1』と『x_2』を使って作られたものである．2つの特徴量を使ったロジスティック判別で作る境界は単純な直線であるから，見てわかるとおり良否の結果を予測することはできない．そこで，次元を上げて2次項と交互作用項を追加したモデルを作ると式(8.1)が得られる．

$$\Pr(y) = \frac{1}{[1+\exp(-z)]}$$
$$z = -2.219 - 0.073x_1 - 0.025x_2 - 0.004(x_1-49.957)(x_2-50.256)$$
$$+ 0.315(x_1-49.957)^2 - 0.057(x_2-50.256)^2 \tag{8.1}$$

　式(8.1)において，$z=0$ となる『x_1』と『x_2』の組合せの曲線を引い

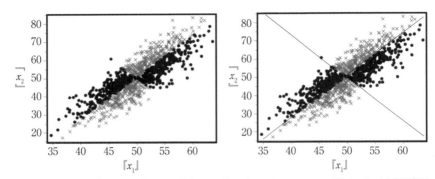

Ⓐ《2次判別》の『x_1』と『x_2』の散布図　Ⓑ 2次ロジスティック判別による判別境界
図8.1　2次ロジスティック判別の例

たものが**図8.1**-Ⓑの2つの曲線である。判別境界が2本の曲線で描か
れている点がミソである。これは次元上昇を利用した判別境界の作成例
である。数値例⑬のように、2次式で判別できることを見抜ければ、2
次ロジスティック判別は有効なモデルとなる。得られたモデルの解釈は
技術的にも容易である。しかし、現実はそう簡単ではない。特徴量の数
が増えると、グラフからただちに関数関係を見抜くことは至難である。
関数関係がよくわからない場合にはニューロ判別が役に立つ。

8.1.2　ニューロ判別分析の考え方

　《2次判別》のデータにニューロ判別を行ってみよう。**図8.2**は『x_1』
と『x_2』の散布図にニューロ判別で得られた境界線を加えたグラフであ
る。2次ロジスティック判別と同等な結果が得られている。得られた予
測式は、

$$\Pr(y) = \frac{1}{1 + \exp\left(-12.16 - 30.43H_{11} + 51.49H_{12} + 49.61H_{13}\right)} \quad (8.2)$$

ここで、$H_{12} = TanH(a_1)$, $H_{12} = TanH(a_2)$, $H_{13} = TanH(a_3)$であり、

$$a_1 = 0.5(-18.38 + 26.72H_{21} - 22.21H_{22} + 14.54H_{23})$$
$$a_2 = 0.5(11.13 + 17.28H_{21} + 26.89H_{22} - 12.85H_{23})$$
$$a_2 = 0.5(-5.24 + 16.48H_{21} + 5.08H_{22} + 7.87H_{23})$$

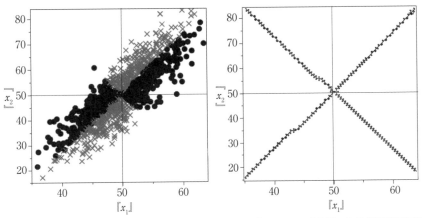

Ⓐ《2次判別》の『x_1』と『x_2』の散布図 Ⓑニューロ判別による判別境界線

図8.2 《2次判別》に対するニューロ判別境界線

である. 式(8.2)はロジスティック回帰モデルに似た形をしている. し
かし, 指数関数内の線形式は『x_1』や『x_2』ではなく, 『H_{11}』『H_{12}』
『H_{13}』といった見慣れない記号で作られた線形式になっている. 記号H
はニューロ判別のアルゴリズムで作られる潜在変数を表している. また,
『H_{11}』『H_{12}』『H_{13}』の値を決める$TanH$は**ハイパボリックタンジェン
ト関数**である. $TanH(a)$は$[\exp(2a)-1]/[\exp(2a)+1]$と計算する. a_1,
a_2, a_3はH_{21}, H_{22}, H_{23}の線形結合になっている. これらの記号も
$TanH$を使って計算される潜在変数を表しており, それぞれ,

$$H_{21} = TanH[0.5(-644.52+9.00x_1+3.89x_2)]$$
$$H_{22} = TanH[0.5(384.46-13.56x_1+5.82x_2)]$$
$$H_{23} = TanH[0.5(27.50-0.66x_1-0.13x_2)]$$

と表される. ここで, 観測された特徴量である『x_1』と『x_2』が現れる.
3層で計算された確率$Pr(y)$が0より大きければグループ1, 0未満で
あればグループ2と予測される. このような複雑な計算を行っているの
がニューロ判別である. モデルが階層構造になっているため, パラメー
タの値から解釈を行うことは難しい. では, ニューロ判別はどのような
計算を行っているのであろうか. この方法が開発された背景から説明す

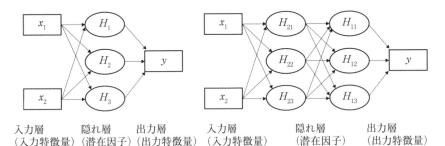

入力層　　　　隠れ層　　　出力層　　　　入力層　　　　　隠れ層　　　　出力層
（入力特徴量）（潜在因子）（出力特徴量）（入力特徴量）　　（潜在因子）　　（出力特徴量）

図8.3　ニューロ判別のモデル

ることにしよう.

　ニューロ判別は,人間の脳内の**ニューロン**を模倣したアルゴリズムである. ニューロンは電気信号として情報伝達を行う. このとき,**シナプス**の結合強度によって情報の伝わりやすさが変わる. 数式では結合強度を重みw_iで表し,**入力**と**出力**を結合したモデルになっている. 入力と出力をつなぐ関数は**隠れ層**と呼ばれる. 入力と出力だけでは線形分類しかできないが,隠れ層をもつことで柔軟な非線形分類ができるようになる. また,隠れ層を多層(2層や3層ではなくもっと多くの層を使った場合)にしたアルゴリズムは**ディープラーニング**と呼ばれる. **図8.3**はニューロ判別のモデルである. 左図は隠れ層が1つで**ノード**(ユニット)が3の場合を示したもので,右図は隠れ層が2つでノード数はともに3の場合を示したものである.

8.1.3　活性化関数

　ニューロ判別では隠れ層に配置されたノード内で処理を行う. このとき,入力に対して重み係数w(偏回帰係数に相当)とバイアスb(切片に相当)を使って線形式を作るが,そのまま出力されるのではなく,**活性化関数**と呼ばれる関数(変数変換に相当)を使って計算された値を出力している. 活性化関数にはさまざまな関数が提案されている. 以下に代表的な活性化関数を示す.

　❶　**ステップ関数**：$h(a) = \text{if}(a > 0 \Rightarrow 1,\ \text{else } 0)$

❷ **ロジスティック関数**：$h(a) = \dfrac{1}{[1+\exp(-a)]}$

❸ **ハイパボリックタンジェント関数**：

$$h(a) = \left[\frac{\exp(2a)-1}{\exp(2a)+1}\right]$$

❹ **ガウス関数**：$h(a) = \exp(-a^2)$

❺ **レル関数（ランプ関数）**：$h(a) = \max(0,a)$

ここで，$a = \sum\limits_{j=1}^{p}(w_j x_j) + b$

　ニューロ判別を使う場合には，どのようなデータを扱い，どのような結果を得たいかということを見極めたうえで，人がどの活性化関数を各層で使うかを決める必要がある．

　例えば，ロジスティック関数の場合は，どんな値でも 0～1 の値で出力される．したがって，入力の値の桁数が大きくなってもそれほど結果には影響を与えず，誤差が生まれにくいという効果が期待できる．一般的に活性化関数はノードに入力された値に対して，出力が過度に大きくなりすぎないように調整したり，特定範囲の値が出力に影響を与えたりしないようにするといった目的で利用される．

　上記❶の**ステップ関数**を使うと，入力がどのような値であっても 0 か 1 になって，次の層に伝わる．したがって，特定の入力が極端に大きい（あるいは小さい）値であっても，その影響は限定的になる．ただし，ステップ関数をそのまま使うのは問題がある．学習の計算過程において活性化関数を微分する必要があるが，この関数は $a=0$ のときに微分の結果が無限大になってしまう．そのため，以降の計算も無限大となるため，正しく学習（解が収束）することができないことが起きる．

　このため，もう少し緩やかに変化する関数として❷の**ロジスティック関数**が使われる．ロジスティック関数は S 字型の曲線で，特徴は入力で負の値が大きくなればなるほど 0 に限りなく近い値になることである．逆に正の値が大きくなればなるほど 1 に限りなく近づく．入力が 0 の場合はちょうど出力が 0.5 になる．一般的に，次に紹介する❸のハイパボ

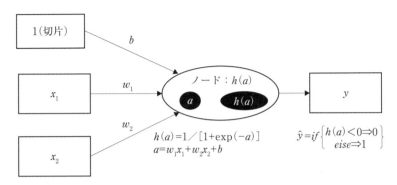

図 8.4　ロジスティック判別をニューロ判別モデルで表したもの

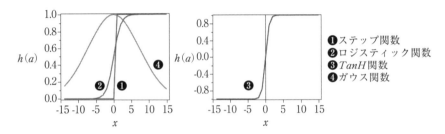

図 8.5　活性化関数のイメージ

リックタンジェント関数に比べて緩やかな曲線になる．ロジスティック
判別は，**図 8.4** に示すように隠れ層が 1 つでノードが 1 つの単純な
ニューロ判別に相当する．$h(a)$ によって予測確率が計算され，その確
率が 0.5 未満であればクラス 1 に 0.5 より大きければクラス 2 に振り分
けられるルールと考えられるからである．ロジスティック関数は優れた
活性化関数として古くから利用されてきたが，現在では，もう少し勾配
が大きいほうがデータによくあてはまるといわれ，❸のハイパボリック
タンジェント（*TanH*）関数が好まれる．JMP でも古いバージョンではロ
ジスティック関数が使われてきたが，新しいバージョン（V14 以降）で
は *TanH* 関数が使われるようになった．また，JMP Pro では❹のガウ
ス関数（動径 Gauss）も用意されている．この関数は，入力に対して出力
の関数として正規分布の確率密度関数に変換するものである．参考まで

に，それぞれの関数のイメージを**図8.5**に示す．

8.1.4　順伝播

　ニューロ判別の入力層に数値が入力されてから，最終的に出力層から値が出力されるまでのプロセスをまとめておこう．入力層から隠れ層にある値が伝播される．隠れ層の各ノードは，接続されている前層のノードからの値に重み付き和(線形結合)を受け取る．このとき，切片項bはノードごとに設定されたバイアスと考えられる．各ノードが出力する値は，活性化関数を使って変換されたものになる．活性化関数をどう定義するかは人の知識・経験から決める必要がある．こうして隠れ層の各層が出力層に向かって計算結果を伝播していき，最終的に出力層にたどり着く．出力層では重み付き和を計算したうえで，適切なバイアスbを使った分類が行われる．これが順伝播の計算のプロセスである．学習データを使って順伝播が終わると，今度は逆に，出力値と正解の値を使って出力層から入力層に向かって伝播させる．この伝播によって学習が行われる．

　ところで，ニューロ判別では隠れ層やノードを増やすことにより，判別がよりシャープにかつ誤分類率が下がることが期待できる．**図8.6**は《2次判別》のデータを使って，隠れ層とノード数を増やした際のニューロ判別の変化の様子をグラフにしたものである．**図8.6**のグラフの横軸はニューロ判別を使った予測確率で，縦軸は実確率を表したものである．実際の確率は0と1しかとらないが，見やすいように0〜1の間に無作為に個体を配置して，マーカー(○と×)を使って2つのクラスを層別している．判別を行うための予測確率の状況は，隠れ層とノード数が増えるとより0と1の近傍に峻別されていることが見てとれる．

8.1.5　隠れ層とノード数の決め方

　隠れ層やノードの数を増やせば増やすほど，どんなときも良い結果を得られるのだろうか．そうでなければニューロ判別では隠れ層をいくつにすればよいだろうか．また，各隠れ層のノードはいくつ必要であろう

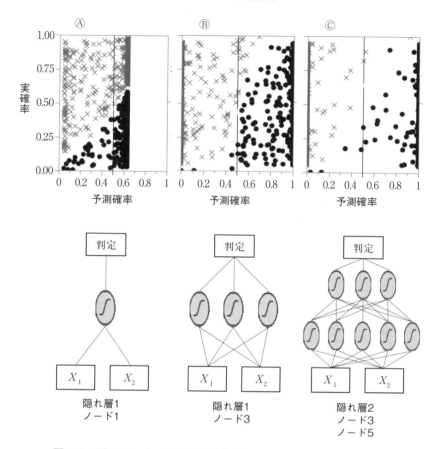

図 8.6　隠れ層とノード数を変えたときのニューロ判別の様子

か．最適な数を決める方法はあるのだろうか．

　隠れ層とノード数を設定する基本的な指針を 3 ステップで考えてみよう．ステップ❶は，データを分類するための判別境界をフリーハンドで作成することで，判別境界の方向が変わる場所に▲印をつける．ステップ❷では，判別境界は線の集合体で表せると考え，フリーハンドで描かれた判別境界に複数の直線をあてはめる．こうして作られた線の数がノード数となる．ステップ❸では，ステップ❷で作られた線を接続させるために新しい隠れ層を追加する．このとき，新しい隠れ層からの出力先は直線の接続数になる．出力先が 1 つの場合の隠れ層は 1 つですむ．

しかし，出力先が複数の場合はそれらを接続するための新しい隠れ層が必要となる．最終の出力先が1つに収まるまで新しい隠れ層を追加する．

8.1.6 【ケーススタディ㉓：原油成分の隠れ層とノード数の設定】

簡単なケーススタディを使って隠れ層とノード数の設定方法を視覚的に説明する．ケーススタディ㉓は，カリフォルニア州の石油の発掘位置の違いで，石油成分の違いが認められるかどうかを調べたものである．ここでは簡単のために『鉄』の灰分（％）とガスクロマトグラフィで得られる曲線の部分から計算した『飽和炭化水素』の面積を特徴量として取り上げる．データは《原油成分》に記録されている．

図8.7を見てほしい．図左がステップ❶のフリーハンドで境界線を引いた状態である．マーカー●（上層）と＊（中下層）で表された2つの結果を分割する判別境界が破線で描かれている．この判別境界はフリーハンドで作ったものである．個体を分類する判別境界はこれ以外にもいろいろ考えられるが，左図の判別境界にもとづいたニューロ判別モデルを作成してみよう．左図では判別境界の方向が変わったところに▲印をつけている．図8.7右がニューロ判別の構造である．まだ，入力と出力を結ぶ隠れ層の構造がブラックボックスの状態である．

図8.8が，ステップ❷のフリーハンドの曲線をいくつかの線分で分割

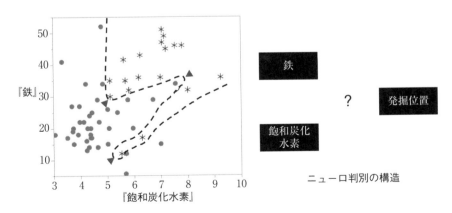

図8.7 ステップ❶：フリーハンドで判別境界を引く

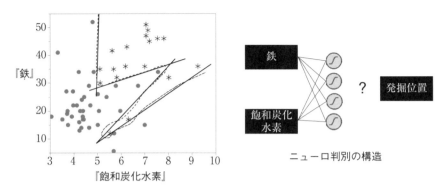

図8.8　ステップ❷：第2隠れ層のノード数は直線の本数に着目する

した状態である．ステップ❷で4本の直線で判別境界を表すことができ
ている．直線を使って判別境界を作るという発想は，「ノード数は直線
の数を使って表される」ことを利用したものである．つまり，ノードは
式(8.3)に従って作成された線を使ってクラスを分離していると考える．

$$a = \sum (w_j x_j) + b \quad (j = 1, 2, \cdots, p) \tag{8.3}$$

最初の隠れ層のノードは重み w の数を増加させるので，ノード数は
モデル化に必要最小限の数にすることが肝要である．ノード数を増やす
とモデルが複雑になるにもかかわらず，判別効果はあまり向上しないか
らである．ニューロ判別が複数のノードを使ってモデル化されていると
いうことは，ネットワークで表現される領域は複数の直線を使用して構
築されるということを意味している．最初の隠れ層には直線の数に等し
いノードをもつため，最初の隠れ層には4つのノードを配置する．つま
り，ステップ❷は2つの入力から4つの分類器である出力をもつネット
ワークを構成したのである．

　図8.9左に示すステップ❸では1つのトップポイント(薄い✓印)と2
つのボトムポイント(濃い✓印)のそれぞれは2本の直線が関連づけられ
ており，合計4本の直線が引かれている．図中の中間ポイントには他の
ポイントから2本の直線が引かれている．次に，ネットワークが1つの
出力を生成するように，これらのノード(直線)を接続する．言い換えれ
ば，直線は他の隠れ層によって接続されて1つの直線となる．ここで，

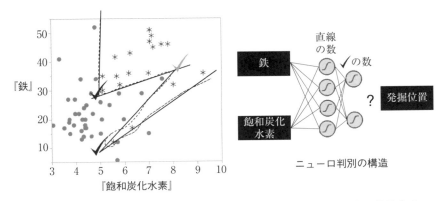

図8.9 ステップ❸：第1隠れ層のノード数は直線の交点（濃い✓）に着目する

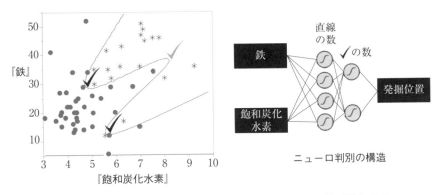

図8.10 直線の交点（薄い✓）が第1隠れ層と出力との結び目となる

ネットワークのレイアウトを考えよう．それは，2つのノードをもつ第2の隠れ層を構築することである．最初の隠れ層のノードはそれぞれ2本の線（入力特徴量の数）を接続し，最後の隠れ層のノードは4本の線を最後の2本の線に接続する．その結果を**図8.9**右に示す．

ここまでで，2つに分かれた曲線が得られている．したがって，ネットワークからの2つの出力があることになる．最後に，ネットワーク全体からの出力を1つにするために，2つの曲線を接続する．この場合，新しい隠れ層を追加するのではなく，出力層を使用して最終的な接続を行う．ニューロ判別の構造が決まったのでニューロ判別により得られた

判別境界を**図 8.10** 左の曲線で示す．これでネットワーク設計が完了した．図からわかるように完全な分類ができている．

8.1.7　ブースティング

ブースティングは複数の小さいモデル（基底モデル）を逐次的にあてはめていき，それらの結果を合わせて，加法的な大きなモデルを構築する手法である．ブースティングでは小さなモデルをあてはめて，その残差（尺度化した残差）が計算される．その残差に対して，また，小さなモデルをあてはめる．この処理を繰り返すのである．最後に，小さなモデルを組み合わせて学習率を上げた最終的なモデルを作成する．

検証データによってモデルを評価し，小さいモデルをあてはめる回数を決める．ブースティングは 1 つの大きなモデルをあてはめるよりも，通常は計算時間が短くなる．JMP では隠れ層が 1 つの場合のみに利用できる方法である．あてはめる基本モデルが大きなものになると，あてはめが高速であるという利点が失われる可能性がある．

ブースティングでの学習率は $0 < r \leq 1$ の範囲で設定する．学習率が 1 に近い値の場合は最終モデルへの収束が速くなるが，データにオーバーフィットしやすい．モデル数に少ない数を指定した場合には，学習率を 1 に近い値に設定するとよい．

ブースティングの仕組みを理解するために，1 層 2 ノードのニューラルネットを基底モデルとし，モデル数を 8 とした例を想像してみよう．最初に，1 層 2 ノードのモデルをデータにあてはめる．このモデルの予測値を学習率によって尺度化し，実測値から引いて尺度化した残差を求める．次のステップは，異なる 1 層 2 ノードのモデルをあてはめる．ここでの応答は先のモデルにおける尺度化された残差である．この手順を繰り返して 8 つのモデルをあてはめる．これ以上モデルを追加しても，検証セットの適合度が改善されないと判断された場合はモデル数が 8 に満たなくても処理を終了する．こうして作成した一連の基底モデルを組合せ，最終的なモデルを作成する．もし，この例でモデルを 6 回あてはめたときに処理が終了したとすると，最終的なモデルは 1 層かつ $2 \times 6 =$

12 ノードで構成される.

8.2 ニューロ判別分析の適用

8.1 節ではニューロ判別分析の概要を説明したが，本節ではニューロ判別分析の適用例について紹介する．はじめに，ニューロ判別分析の一般的な手順を紹介した後，いくつかの応用例を紹介する．

8.2.1 ニューロ判別の一般的な手順

ニューロ判別の一般的な流れを図 8.11 に示す．事前準備として，手順❶でデータの収集と吟味を行い，研究目的の対象となるデータを偏りなく集める．データ収集の際に応答に使う(良／否)などの結果情報をもつ特徴量と入力とする特徴量を広く集め，集めた生データを吟味する．手順❷では，個体の状態を表すクラスが記載された質的な情報をもつ特徴量を応答に指定する．入力には数多くある特徴量のなかから候補となる特徴量を複数選定する．

手順❸からがデータの本分析になる．手順❸ではクロスバリデーションの設定(ホールドアウト検証，k-分割交差検証，leave-one-out 交差

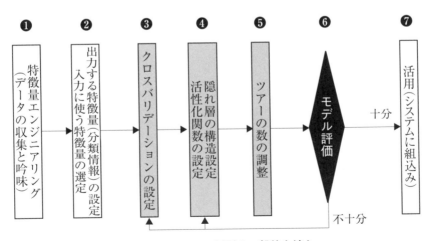

図 8.11 ニューロ判別の一般的な流れ

検証)を行う．手順❹では活性化関数の形や隠れ層の階層，各隠れ層の
ノード数を設定する．手順❺では，**ツアーの数**や**ブースティングの数**な
ども設定する．ツアーの数はパラメータを求めるための最適化計算全体
を繰り返す回数になる．設定したツアーの回数分の初期値を乱数で決め
てパラメータを推定する．そのなかで検証セットの適合度が最良のもの
を最終的なモデルとして選ぶ．ツアー数を増やせば適合度のよいモデル
が得られるが，それだけ計算の時間を消費する．闇雲にツアーの数を増
やす必要はない．

　手順❻で得られたモデルの評価を行う．作られたモデルの汎化性能を
評価して，不十分なら手順❸〜❹のステップに戻り，モデルを再検討す
る．データにモデルがよく適合しており，汎化性も高ければ，手順❼で
得られたモデルをアルゴリズムとしてシステムに組み込む．

8.2.2 【数値例⑭：グラフを見ればわかるニューロ判別境界】

　図8.12-Ⓐは，半径 $r=4$ の円周上に等間隔に36点を●のマーカーで
プロットした系列と，2組の平均0，標準偏差1.25の正規乱数を64点
作成して○のマーカーでプロットした散布図である．データは《判別境
界が円》に記録されている．散布図から，2次ロジスティック判別を

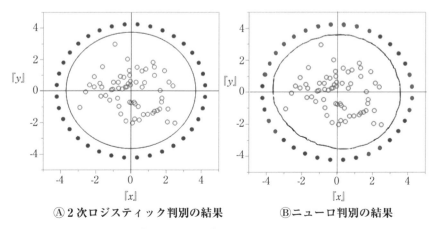

Ⓐ2次ロジスティック判別の結果　　　Ⓑニューロ判別の結果

図8.12　《判別境界が円》の2つの判別方法の比較

使って，ロジット z が 0 となる判別境界を円で描けば，うまく分類ができることがわかる．実際に**図 8.12-Ⓐ**に描かれた円が 2 次ロジスティック判別で得られた判別境界を示したものである．この円を描く，2 次ロジスティック回帰モデルは，以下のように求まる．

$$\Pr(y) = \frac{1}{[1+\exp(-z)]}$$

$$z = -333.58 - 0.324x + 1.858y + 31.175(x-\overline{x})^2 + 30.121(y-\overline{y})^2$$

ここに，$\overline{x} = 0.030, \overline{y} = -0.032$

　一方，隠れ層が 1 でノード 3 のニューロ判別の結果を**図 8.12-Ⓑ**に示す．左右を比較するとほぼ同様な判別境界が求まっている．ニューロ判別モデルは，以下のように求まる．

$$\Pr(y) = \frac{1}{[1+\exp(-z)]}$$

$$z = -656.420 - 531.319H_1 + 633.430H_2 + 603.009H_3$$

$$H_1 = TanH[0.5(-0.784 + 0.161x - 0.159y)]$$

$$H_2 = TanH[0.5(0.856 + 0.197x + 0.069y)]$$

$$H_3 = TanH[0.5(0.846 - 0.065x - 0.210y)]$$

　ニューロ判別モデルの式だけからは，どのような判別境界が引かれているのかイメージしにくい．しかし，入力と出力の間の隠れ層に非線形な活性化関数を導入することで，自由な曲線で判別境界を描くことができる．

8.2.3 【ケーススタディ㉔：誘発磁場のニューロ判別】

　ケーススタディ㉔では《誘発磁場》のデータを使った分析例を紹介する．**図 8.13-Ⓐ**は，ある健常者の脳の状態を頭部の『# 11』と『# 37』のセンサで観測した磁場の散布図である．×のマーカーは脳が刺激を受けて反応したと思われる時間帯のプロットで，○のマーカーは刺激を受ける前と刺激を受けた後で脳が安定したと思われる時間帯のプロットである．このデータを使って脳が反応した時とそれ以外の境界を求めよう．**図 8.13-Ⓑ**は全データを使ってロジスティック判別により得られた判別境界線である．得られたパラメータの推定値から判別境界を求めると，

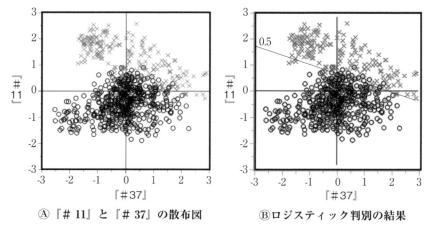

Ⓐ『＃11』と『＃37』の散布図　　　Ⓑロジスティック判別の結果

図8.13　《誘発磁場》の『＃11』と『＃37』を使った判別境界

$$z = 5.402 - 8.289x_1 - 2.827x_2$$
$$x_1 = 0.652 - 0.341x_2$$
(8.4)

　　　ここで，x_1：『＃11』，x_2：『＃37』

となる．また，誤分類率は学習データで3.57％，評価データで5.88％
である．

　もう少し精度のよい判別ルールを考えよう．**図8.14**-Ⓐには2次ロジ
スティック判別の境界を，**図8.14**-Ⓑにニューロ判別の境界を示す．両
者ともに直線で判別境界を作るよりも精度の向上が認められるが，両者
を比較してみよう．

　2次判別で作る楕円の境界はデータのばらつきに対して単純すぎるよ
うに思える．**表8.1**の混同行列の結果を使って計算すると学習データの
誤分類率は2.94％で良好に思えるが，評価データの誤分類率は4.62％
と差異が出ている．

　一方，隠れ層を2つもつニューラル判別（第1隠れ層：$TanH(3)$，第
2隠れ層：$TanH(4)$）から得られた境界は打点の様子によく合っている
ように思える．**表8.2**の混同行列の結果を使って計算すると学習データ
の誤分類率は3.36％と2次ロジスティック判別に少し劣るが，評価
データの誤分類率は3.78％と学習データとの差異が小さい．また，評

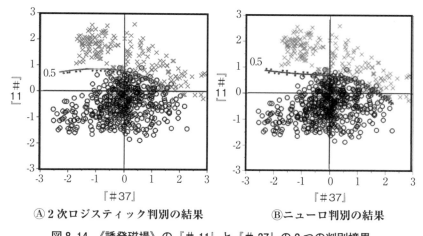

Ⓐ 2次ロジスティック判別の結果　　Ⓑ ニューロ判別の結果

図 8.14　《誘発磁場》の『＃ 11』と『＃ 37』の 2 つの判別境界

表 8.1　2 次ロジスティック判別の混同行列

〈学習〉

| | | 実測 | | 計 |
		反応	その他	
予測	反応	127	6	133
	その他	8	335	343
計		135	341	476

〈評価〉

| | | 実測 | | 計 |
		反応	その他	
予測	反応	60	5	65
	その他	6	167	173
計		66	172	238

表 8.2　ニューロ判別の混同行列

〈学習〉

| | | 実測 | | 計 |
		反応	その他	
予測	反応	126	7	133
	その他	9	334	343
計		135	341	476

〈評価〉

| | | 実測 | | 計 |
		反応	その他	
予測	反応	62	5	67
	その他	4	167	171
計		66	172	238

価データでは 2 次ロジスティック判別よりも判別能力が高いため，本ケースではニューロ判別のモデルを採用しよう．なお，ニューロ判別の場合には初期値の与え方によりパラメータの推定値や境界が変わるので，ツアー数(分析の繰り返し数)を増やしたり，クロスバリデーションを

使ったりして機械に学習させる必要がある.

　ケーススタディ㉔ではニューロ判別の予測精度が高いことを示すことができた. このときの判別境界は2次元の観測空間に戻したときの判別境界をフレキシブルな曲線で表すことができる点に注目してほしい.

8.2.4 【ケーススタディ㉕：プリンタのローラ径のニューロ判別】

　3Dプリンタのローラ径のばらつきは造形物の表面粗さに影響するといわれている. ファイル《ローラ径》には, 3Dプリンタに使われるローラの量産試作時のデータが $n = 179$ 個保管されている. 特徴量は量産試作品のローラの左端の水平方向の長さ『x_1』と垂直方向の長さ『y_1』, ローラの右端の水平方向の長さ『x_5』と垂直方向の長さ『y_5』と, ローラを組み込んで作成した造形物の品質がG(適合)／N(不適合)で記録されている. 図8.15は左端と右端のローラ径の散布図である. ローラを3Dプリンタに組み込んで実際に造形物を作成して評価することなく, G(適合)／N(不適合)を判断する方法を考えよう.

　この散布図からは直感的に適合品と不適合品の判別は難しいように思われる. 実際に, ステップワイズによるロジスティック判別を行ってもよい結果は得られない. ケーススタディ㉕にニューロ判別(2隠れ層3×

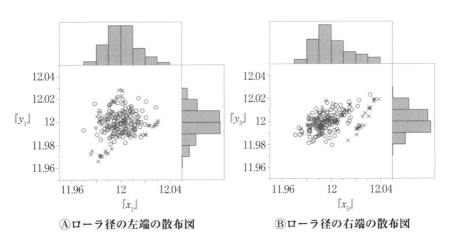

Ⓐローラ径の左端の散布図　　　　Ⓑローラ径の右端の散布図

図8.15　《ローラ径》の水平方向と垂直方向の散布図(○：適合, ×：不適合)

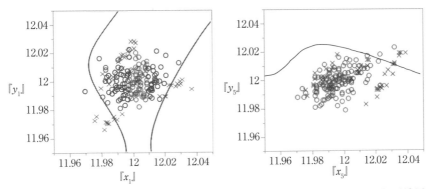

Ⓐローラ径の左端のニューロ判別境界　　Ⓑローラ径の右端のニューロ判別境界

図8.16　《ローラ径》の判別境界（○：適合，×：不適合）

3) を行うと，2/3＝119 の個体を学習データとして誤分類は 1/119＝0.008 で，評価データでは，3/60＝0.05 と良い判別効果が得られた．**図8.16** はニューロ判別で得られた境界だが，この境界の意味することはよくわからない．加えて 4 つの特徴量を使った判別なので 2 次元では本当にうまく判別できているかどうかは，散布図からだけではわからない．

　ケーススタディ㉕では，判別境界が何を意味するのかを 2 つのアプローチで考えてみよう．最初のアプローチは特徴量の変換を考える．単純な変換は，主成分分析による次元縮約である．4 つの特徴量に主成分分析を行った結果を**図8.17** に示す．主成分得点を新たな特徴量と考えれば，**図8.17** の左の 3 次元プロットから，目見当で引いた 2 本の直線で囲まれた領域では適合品が多く含まれることがわかる．つまり，不適合品は特徴量 x_5 と y_1 がともに大きい側で発生していること，特徴量 x_5 が小さく，x_1 と y_5 がともに大きい側で発生していることが読み取れる．同じ位置の縦方向と横方向の差異に注目しがちであるが，両端の縦と横のねじれ位置に注目すべきだとデータは語っている．実際に，$x_1＋y_5$ と $x_5＋y_1$ の散布図を**図8.18** に示す．図中の 3 本の直線は目検討で判別境界を引いたもので，2 本の曲線が $x_1＋y_5$ と $x_5＋y_1$ を入力したニューロ判別（1 隠れ層 3 ノード）で求めた判別境界である．新たな特徴量を合成することで，判別境界の意味が理解できる

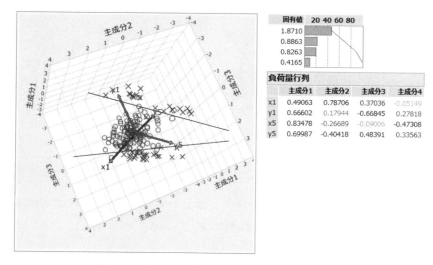

固有値 20 40 60 80
1.8710
0.8863
0.8263
0.4165

負荷量行列

	主成分1	主成分2	主成分3	主成分4
x1	0.49063	0.78706	0.37036	-0.05149
y1	0.66602	0.17944	-0.66845	0.27818
x5	0.83478	-0.26689	-0.09006	-0.47308
y5	0.69987	-0.40418	0.48391	0.33563

図 8.17 《ローラ径》の主成分空間での判別境界

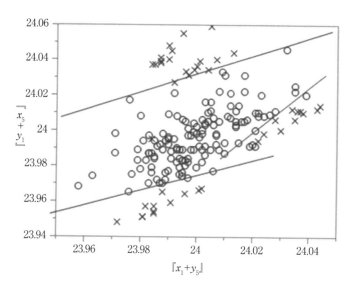

図 8.18 《ローラ径》の新しい特徴量によるニューロ判別結果

ようになった.

　もう一つのアプローチは,出力側の質的な特徴量である『品質』のカテゴリーの分類である.問題としているのは不適合品(N)の判別である.

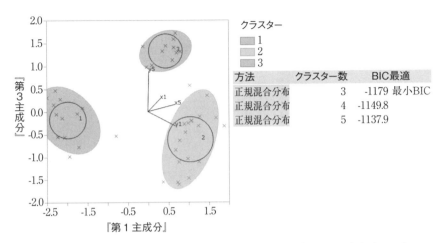

図8.19 《ローラ径》の不適合のクラスの正規混合法によるバイプロット

適合品は管理状態による1つの集団として考えることができるが，不適合はさまざまな理由から発生していると考えられる．何が原因かわからないが，不適合が発生したクラスに対してクラスター分析による分類を考える．ケーススタディ㉕では正規混合法を使う．最良の分類数はBIC基準で3であることから，**図8.19**に示すように3つのクラスで不適合を分類してみよう．

　正規混合法で得られた不適合品の3つのクラスと適合品を合わせた4つのクラスを新たな質的な特徴量『クラス』とする．『クラス』を出力に使って**多項ロジスティック判別（名義ロジスティック判別）**を行った結果を**図8.20**に示す．多項ロジスティック判別とは，本ケースのように名義尺度で複数のクラスをもつ出力に対してロジスティック判別を行う方法である．得られたモデルは以下のようになる．

$$Pr(y=0)=1/[1+\exp(-z_1)+\exp(z_2-z_1)+\exp(z_3-z_1)]$$
$$Pr(y=1)=1/[1+\exp(z_1-z_2)+\exp(-z_2)+\exp(z_3-z_2)]$$
$$Pr(y=2)=1/[1+\exp(z_1-z_3)+\exp(z_2-z_3)+\exp(-z_3)]$$
$$Pr(y=3)=1/[1+\exp(z_1)+\exp(z_2)+\exp(z_3)]$$

　（$y=0$：適合品，$y=1,2,3$：正規混合分布で得られた不適合

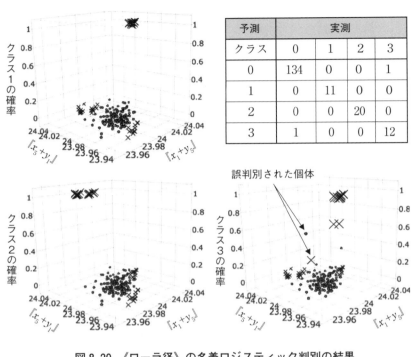

図8.20　《ローラ径》の名義ロジスティック判別の結果

品のクラス）

$$z_1 = -6287.5 + 1087.7x_1 + 637.4y_1 + 619.7x_5 - 1818.4y_5$$
$$z_2 = -74200.9 + 10943.9x_1 - 6267.6y_1 - 198.7x_5 + 1688.0y_5$$
$$z_3 = -36902 - 1059.2x_1 + 3419.8y_1 + 5015.7x_5 - 4308.7y_5$$

なお，得られたロジット z のパラメータの推定値は完全分離が起きて
おり，不安定な解になっている．**図8.20** では，わかりやすさのために
X 軸に合成した『$x_1 + y_5$』を Y 軸に合成した『$x_5 + y_1$』において，Z 軸
に各クラスの予測確率を置いた3次元散布図にしている．誤分類率は**図
8.20** にある表から $2/179 = 0.011$ と非常に良好な結果が得られている．

8.2.5 【ケーススタディ㉖：カラー画像のニューロ判別】

写真や絵などのカラー画像の再現性評価に $L^\star a^\star b^\star$ による色差（しき

さ)が使われている．ある企業では基準画像に対してソフト的に色差を
変えた 16 枚のチャート(画像)を 277 人に見せて，『好ましさ』(良い＝
1・悪い＝0)の官能評価を行った．そのデータが《3色の色差》に保存
されている．出力は『赤』『青』『緑』の好ましさである．特徴量は各色
の色差 $L^\star a^\star b^\star$ の観測値である．ケーススタディ㉖では色差から画像の
好ましさを予測することを考える．$L^\star$ は明度を表す尺度で，$L^\star = 0$ は
黒，$L^\star = 100$ は白を意味する．また，$a^\star$ と $b^\star$ は補色次元を表す指標で，
$a^\star$ の負の値は緑寄り，正の値はマゼンタ寄りを意味する．また，$b^\star$ の負
の値は青寄り，正の値は黄色寄りを意味する．ニューロ判別を使えば，
同時に 3 色の『好ましさ』を使ったモデルを求めることができる．**図
8.21** は横軸に b^*，縦軸に a^* をとり，L^* の値で 5 等分した散布図であ
る．図中のマーカーの違いは＊が『青』を，●が『緑』を，そして▲が
『赤』を表している．また，マーカーの色は，好ましさの確率 $p = r/277$
(r は好ましいと反応した人数)を表しており，**図 8.21** では好ましい方
向に向かって矢線を引いている．各色ともに『L^*』の小さい側が好ま
しいと評価されている．また，『青』では『a^*』と『b^*』が小さい側が
好ましいと評価されている．『緑』では『a^*』が大きい側が好ましいと

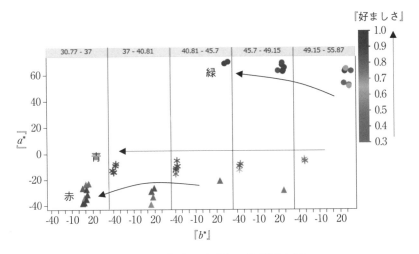

図 8.21 《3色の色差》の層別散布図

評価されている．また，『赤』では『a^*』と『b^*』が小さい側が好ましいと評価されている．

　図8.22 に示すようなニューロ判別のモデルを使って『好ましさ』を予測してみよう．このモデルでニューロ判別を行った結果を**表8.3**に示す．各色の誤分類率を計算してみよう．例えば，『青』の学習データの誤分類率は$(364+81)/2953=0.15$，検証データの誤分類率は$(187+28)/1478=0.15$で，再現性はあるものの誤分類率はかなり大きな値である．このことから，ただちに**図8.22**に示したモデルによる分類は成功しなかったと判断してよいか．考えてみよう．

　誤分類の計算からはよいモデルとはいえないが，そこには落とし穴がある．ケーススタディ㉖は今までのケースと異なる点がある．評価者277人の個々の判断は1(好ましい)あるいは0(好ましくない)の2値であるが，このケースは「16枚のチャートに対して277人のうち何人が

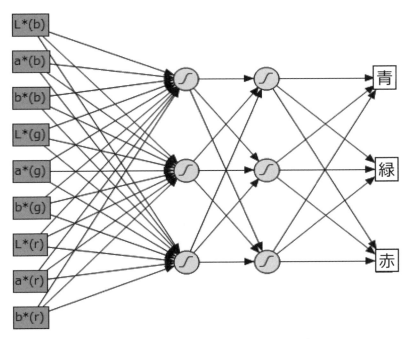

図8.22　《3色の色差》のニューロ判別モデル

表8.3 《3色の色差》のニューロ判別の混合行列

『青』

予測	実測	
青	0	1
0	115	81
1	364	2393

$R^2=0.222$

『緑』

予測	実測	
緑	0	1
0	110	86
1	355	2402

$R^2=0.209$

『赤』

予測	実測	
赤	0	1
0	337	223
1	414	1979

$R^2=0.281$

学習結果（上段）

予測	実測	
青	0	1
0	53	28
1	187	1210

$R^2=0.277$

予測	実測	
青	0	1
0	46	35
1	179	1217

$R^2=0.251$

予測	実測	
青	0	1
0	159	112
1	226	980

$R^2=0.249$

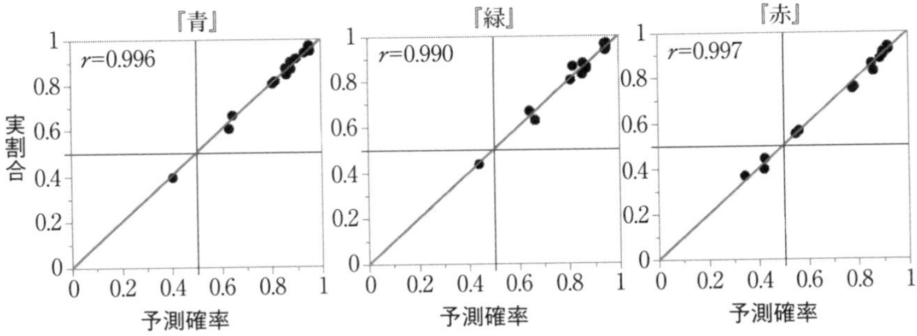

検証結果（下段）

図8.23 ニューロ判別を使った予測確率と実割合の予測判定グラフ

好ましいと判断したか」という確率を予測する問題である．ニューロ判別の最終出力は，個々の判断に対して1(好ましい)あるいは0(好ましくない)の2値になる．このため，見かけは誤分類の確率はどうしても高くなりがちである．評価者個々の誤分類率は大きいが，16枚のチャートをグループと考えた確率を予測したモデルと考えれば，**表8.3**の結果だけでモデルの良し悪しは判断できない．ニューロ判別で得られた予測確率とグループでの実確率との比較を行う必要がある．

図8.23はニューロ判別で得られた予測確率と実割合の散布図である．どの色の打点も，きれいに『実割合』=1.0×『予測確率』の直線に乗っていることがわかる．つまり，**図8.22**に示されたモデルは生データに

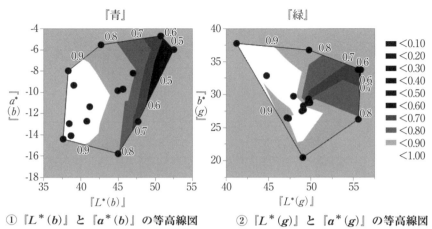

① 『L*(b)』と『a*(b)』の等高線図　　② 『L*(g)』と『a*(g)』の等高線図

図 8.24 　《3 色の色差》の等高線図プロファイル

よくフィットしていることがわかる．ケーススタディ㉖では，出力を
$(0, 1)$ の 2 値の分類の問題から確率を予測する問題に見方を変えている
点がミソなのである．

　また，通常の予測確率 0.5 を判別境界にすると大変甘い判別になる．
本ケースでは 16 点のうちの大半の予測確率が 0.5 以上と計算されてい
るので，0.5 を判別境界とするのは意味がない．そこで，各色の等高線
を描いて，90% の人が『好ましい』と判断した境界を許容限界と考えよ
う．参考までに，図 8.24 に 16 枚のチャートの予測確率の等高線図を示
す．①が『L*(b)』と『a*(b)』の平面の等高線プロファイル，②が
『L*(g)』と『a*(g)』の平面の等高線プロファイルである．ここで，
(b) は『青』を，(g) が『緑』を表す．こうして，各色の L^*，a^*，b^*
の空間上で『好ましさ』の予測確率が 0.9 以上となる判別境界を定める
ことができるのである．

第9章　ニューラルネットワーク

　第8章では2値分類に使われるニューロ判別分析を紹介した．同じような考え方で量的な出力を予測することを考えたい．分類の問題で学習したように，線形なモデルよりも非線形なモデルのほうが予測の精度向上が期待できる．本章では非線形な予測モデルとして**ニューラルネットワーク**を紹介する．

9.1　ニューラルネットワークの基礎

　ニューロ判別分析は**活性化関数**を使って，ニューロンを模したアルゴリズムでデータ領域を確率0~1(あるいは−1~1)に収まるように変換し，その中点0.5(あるいは0)を境界値として2つのクラスに分類する統計モデルである．量的な応答の場合も，ステップ❶で最大値を1に，最小値を0に(あるいは最大値を1に，最小値を−1に)変換した値を活性化関数で予測し，ステップ❷で得られた値を観測値に戻す操作を行っている．ステップ❶は応答が質的でも量的でも同じ考え方で計算を行っている．

　本節では，量的な応答を予測するためのニューラルネットワークの考え方について，活性化関数に線形ニューラルと *TanH* ニューラルを使った説明を行う．また，ニューラルネットワークの理解を深めるために，線形重回帰モデルとの比較も行う．

9.1.1　【数値例⑮：簡単な予測】
　《ニューラル数値例》には入力特徴量『x_1』と『x_2』，および応答である『y』のデータが記録されている．**図 9.1-Ⓐ**は3つの特徴量の三次元散布図である．**図 9.1-Ⓑ**は『x_1』と『y』の散布図に平均線(点線)・1次式(実線)・2次式(破線)・『x_1』の水準平均(一点鎖線)をあてはめた

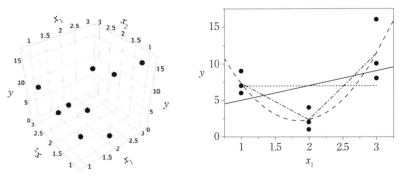

Ⓐ『x_1』と『x_2』, 『y』の三次元散布図　Ⓑ『x_1』と『y』の散布図とモデルのあてはめ

図9.1　《ニューラル数値例》のデータのグラフ表現

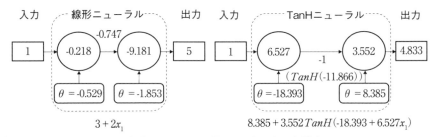

Ⓐx_1＝1を入力した場合の線形ニューラル　Ⓑx_1＝1を入力した場合の*TanH*ニューラル

図9.2　入力1隠れ層1ノード1のニューラルネットワークの計算

グラフである．線形な予測モデルでは2次式，あるいは『x_1』の水準平均をあてはめるのがよいことがわかる．詳細は後述するが，ニューラルネットワークの結果と線形モデルとの比較を行ってみよう．ここで扱うニューラルネットワークのモデルは線形ニューラルと*TanH*ニューラルの2つを考える．

図9.2は，x_1＝1を入力した場合の隠れ層1ノード1のニューラルネットワークの計算例を示したものである．Ⓐは線形ニューラルの計算例である．複雑な計算をしているようだが，結局は単回帰モデルと同じである．Ⓑは*TanH*ニューラルの計算例である．*TanH*関数は，入力がある閾値θを超えると急激に反応するモデルである．ノード数が1の2つのモデルのあてはまりはよくない．ここでは，自由な曲線を描く

TanH ニューラルのノード数を1つ増やしてみよう.

図 9.3 は,線形ニューラル $H(1)$・*TanH* ニューラル $H(1)$・*TanH* ニューラル $H(2)$ をあてはめた様子をグラフにしたものである.*TanH* 関数を2つにしたことにより,下に凸の曲線でのあてはめが可能になった.線形2次式は $x_1 = 2$ で左右対称となるが,*TanH* ニューラル $H(2)$ では非対称のモデルを作れる点があてはめには有利に働く.数値例⑮では,これ以上,ノード数を増やしてもあてはめの精度は向上しない.

そこで,入力に『x_2』の情報を追加することを考える.線形モデルであれば,『x_1』と『x_2』の主効果モデル・『x_1』と『x_2』の交互作用モデル・2次項の追加モデルなどが考えられ,数値例⑮では,交互作用項と2次項を追加したモデルがフルモデルになる.

統計的方法では,ステップワイズによりモデルの選択が行われる.ここでは,線形ニューラルと *TanH* ニューラルを使って,隠れ層とノードを追加した場合の効果を確認する.

図 9.4-Ⓐは隠れ層1ノード1の線形ニューラルモデルの状態を示したものである.このモデルは,主効果のみの線形重回帰モデルに一致す

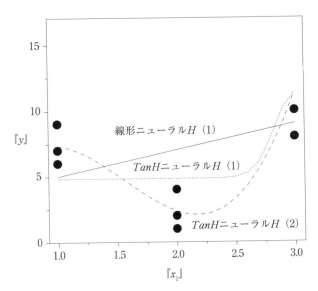

図 9.3 入力1隠れ層1のニューラルネットワークのあてはめ

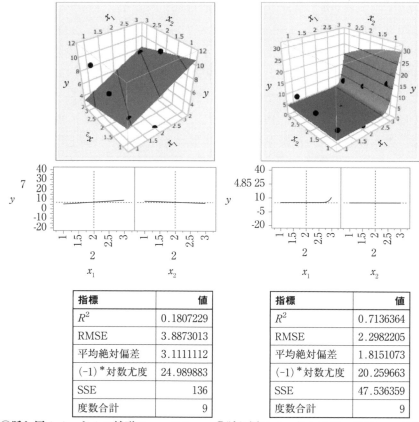

Ⓐ隠れ層1ノード1の線形ニューラル　　Ⓑ隠れ層1ノード1の *TanH* ニューラル

図9.4　『x_1』と『x_2』を使った隠れ層1のプロファイル

る．上のグラフで示された**曲面プロファイル**(**応答曲面**)はモデルが線形
であることを示している．推定された平面に引かれた線が『y』に対す
る等高線を表している．線形なモデルをあてはめたため，寄与率 R^2は
小さい．**図9.4-Ⓑ**は隠れ層1ノード1の *TanH* ニューラルモデルの状
態を示したものである．上のグラフで示された曲面プロファイルから，
『x_1』の値が3に近づくにつれて急激に『y』の予測の値が大きくなって
いることが読み取れる．また，『x_2』が『y』に与える影響は小さいが，
Ⓐに比べてⒷの寄与率は $R^2 = 0.71$ と大きく改善されていることがわか

る.

次に，*TanH* ニューラルで隠れ層やノード数を増やすとあてはまりがどう向上するかを調べよう．**図 9.5**-Ⓐはノード数を 2 にした *TanH* ニューラルモデルの状態を示したものである．上のグラフで示された曲面プロファイルから，下に凸の曲面が得られている．この曲面は主効果と 2 次項を入れた重回帰モデルの曲面と非常によく似た結果になっている．寄与率も $R^2 = 0.96$ と向上している．

図 9.5-Ⓑは隠れ層 2 で各層のノードを 2 にした *TanH* ニューラルモ

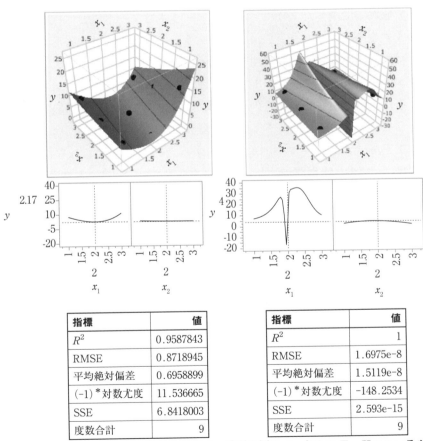

指標	値
R^2	0.9587843
RMSE	0.8718945
平均絶対偏差	0.6958899
(-1)*対数尤度	11.536665
SSE	6.8418003
度数合計	9

指標	値
R^2	1
RMSE	1.6975e-8
平均絶対偏差	1.5119e-8
(-1)*対数尤度	-148.2534
SSE	2.593e-15
度数合計	9

Ⓐ隠れ層 1 ノード 2 の *TanH* ニューラル　Ⓑ隠れ層 2 ノード 2 の *TanH* ニューラル

図 9.5 『x_1』と『x_2』を使った *TanH* ニューラルのプロファイル

デルの状態を示したものである．寄与率も $R^2=1$ となり，残差のない
よいモデルが得られたように見える．しかし，上のグラフで示された曲
面プロットを見ると，極端なピークをもった曲面となっている．観測さ
れた手元のデータには完全にフィットしているが，このモデルは推定し
たパラメータ数も多く，ノイズにも敏感に反応した過学習したモデルに
なっている．将来の新しい観測値に対して，このモデルを採用するのは
危険である．

9.1.2　ニューラルネットワークの考え方

　数値例⑮で調べたように，線形ニューラルはノードごとに(超)平面を
形成するモデルであり，TanH ニューラルに代表される非線形ニューラ
ルはノードごとに(超)曲面を形成するモデルである．したがって，
ニューラルモデルは各ノードで形成された複数の(非)線形回帰モデルの
重み付き和を使って，出力のデコボコな値に滑らかな(超)曲線で予測を
行うモデルであるといえる．**図9.6** は数値例⑮で求めた隠れ層1ノード
2 の TanH ニューラルモデルを説明するためのグラフである．**図9.6-**
Ⓐは入力側の特徴量『x_1』と『x_2』を使って，各ノードの潜在因子
『H_1』と『H_2』の曲面を示したものである．ノード1では『x_1』の値が

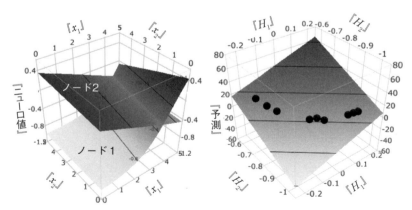

Ⓐ『x_2』で層別した『x_1』と『H_1』と『H_2』の関係　　　Ⓑ『H_1』と『H_2』と『予測』の関係

図9.6　TanH ニューラルの曲面プロファイル

大きくなるにつれて指数関数的に大きくなる曲面,

$$H_1 = TanH(0.242 - 0.146x_1 + 0.025x_2)$$

が,逆にノード2では『x_1』の値が大きくなるにつれて右下がりの直線に近い曲面,

$$H_2 = TanH(-4.275 + 0.548 - x_1 - 0.144x_2)$$

が描かれている.ここで,活性化関数に $TanH$ を使っているので H_1 も H_2 も取り得る値は -1〜1 であることに注意する.この2つの潜在因子『H_1』と『H_2』を使って,『y』を予測する平面,

$$\hat{y} = 104.565 + 96.269H_1 + 115.932H_2$$

を図9.6-Ⓑに示す.重みの値が大きいのは,ニューロ値の世界(-1〜1)を観測値の世界(最小値1から最大値16)に引き延ばすためのものである.図内の●は『y』の観測値の位置を示したものである.ここで,応答『y』について以下の変換を行い,y^* を予測する重回帰モデルを求める.

$$y^* = \frac{y - y_{min}}{y_{max} - y_{min}} \tag{9.1}$$

その結果を表9.1に示す.表9.1の寄与率 $R^2 = 0.959$ は図9.5-Ⓐの結果と一致する.また,推定値のVIF(当該特徴量と他の特徴量との相関の強さを表す指標)が13.08なので数値例⑮の『H_1』と『H_2』には強い相関関係があり,『H_1』と『H_2』の平面の狭い領域に観測点が存在し

表9.1 『H_1』と『H_2』による『y^*』の重回帰分析結果

R^2	0.958784
自由度調整 R^2	0.945046
誤差の標準偏差(RMSE)	0.07119
Y の平均	0.4
オブザベーション(または重みの合計)	9

項	推定値	標準誤差	t値	p値(Prob>|t|)	標準 β	VIF
切片	6.9043115	0.605651	11.40	<.0001*	0	.
H_1	6.4179053	0.715187	8.97	0.0001*	2.690264	13.083711
H_2	7.7288119	0.719067	10.75	<.0001*	3.22229	13.083711

ている．このため，不安定な状態での推定になっているかもしれない．

　以上からわかるように，ニューラルネットワークのモデルは出力をもっともうまく予測する(超)平面を作るために，複数のノードの(超)曲面の重み付け和のパラメータを推定する方法である．隠れ層が1の場合の各ノードの(超)曲面は特徴量の(非)線形モデルで表される．隠れ層が複数の場合は，(超)曲面の重み付き和を幾重にも重ねた(超)平面で応答を予測するモデルである．このため，ニューラルネットワークでは入力と出力の間に隠れ層が入るために，直接に，入力と出力の関係式が得られない．隠れ層の階層やノード数が増えるにつれて複雑な情報の伝播モデルとなり，物理化学的な解釈ができなくなる．

　JMPでは入力系の特徴量と応答との関係を**図 9.5**-Ⓐの下に示したようなプロファイルで表すことができる．プロファイルの曲線が単純であれば予測モデルの解釈が行えるかもしれない．なお，ニューラルネットワークでは初期値の与え方によりパラメータの推定値が変わるので，何度か繰り返し計算を行い，モデルの安定性を調べる必要がある．

　最後に，隠れ層1ノード2の *TanH* ニューラルネットワークによる予測判定グラフを**図 9.7**に示す．

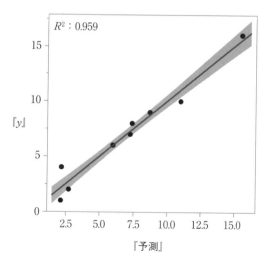

図 9.7　隠れ層1ノード2の *TanH* ニューラルの予測判定グラフ

9.2 ニューラルネットワークの適用

本節では，はじめにニューラルネットワークの一般的な手順を紹介し，その後でいくつかの教訓的なケーススタディを使ってニューラルネットワークの理解を深める．

9.2.1 ニューラルネットワークの一般的手順

ニューラルネットワークの一般的な流れを**図9.8**に示す．

事前準備として，手順❶でデータの収集と吟味を行い，研究目的の対象となるデータを偏りなく集める．データ収集の際に応答に使う結果情報をもつ特徴量と入力とする特徴量を広く集め，集めた生データを吟味する．

手順❷では，出力となる特徴量を設定する．ニューラルネットワークでは，出力は複数指定でき，量的な応答と質的な応答が混在していても分析が可能である．また，入力に使う原因系の特徴量を複数選定する．数多くある原因系の特徴量のなかから予測に役立つ特徴量を選定し，選ばれた特徴量を入力に使う．

入力に使う特徴量の数が多いほどネットワークの収束に時間がかかる．

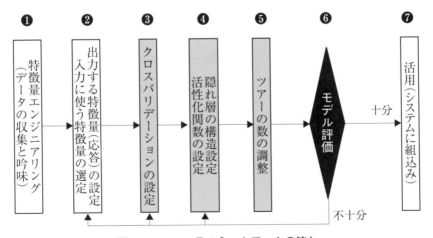

図9.8　ニューラルネットワークの流れ

入力特徴量の数が多くなるに従い，ネットワークが不適解や局所解に収束しやすくなる．予測力のないような特徴量を手作業で取り除くと，しばしばニューラルネットワークの予測力を向上させる．重要な特徴量だけを学習に用いるには他の方法が役立つ．統計的な相関や偏相関の利用も有効であるし，**第10章**で紹介するランダムフォレストや決定木分析などの分類法も特徴量選択に有効である．

　手順❸からがデータの本分析になる．手順❸ではクロスバリデーションの設定(ホールドアウト検証，k-分割交差検証，leave-one-out 交差検証)を行う．手順❹では活性化関数の形や隠れ層の階層，各隠れ層のノード数を設定する．手順❺では，**ツアーの数**や**ブースティング**の数なども設定する．ツアーの数はパラメータを求めるための最適化計算全体を繰り返す回数になる．設定したツアーの回数分の初期値を乱数で決めてパラメータを推定する．そのなかで検証セットの適合度が最良のものを最終的なモデルとして選ぶ．ツアー数を増やせば適合度のよいモデルが得られるが，それだけ計算の時間を消費する．闇雲にツアーの数を増やす必要はない．

　手順❻で得られたモデルの評価を行う．作られたモデルの汎化性能を評価して，不十分なら手順❸～❹のステップに戻り，モデルを再検討する．データにモデルがよく適合しており，汎化性も高ければ，得られたモデルをアルゴリズムとしてシステムに組み込む．

9.2.2 【ケーススタディ㉗：住宅価格予測のニューラルネットワーク】

　JMP のサンプルデータである《Boston Housing》にはボストンの住宅の価格のデータが記録されている．入力特徴量は，『犯罪率』『区画』など13項目あり，応答が『持ち家の価格』である．ケーススタディ㉗では対数変換した『持ち家の価格』の予測を行う．

　はじめに，線形モデルである重回帰分析での予測を行う．モデルは全特徴量を使用した場合，ステップワイズの変数増減法(IN・OUT の閾値はともに p 値＝0.25 に設定)を用いた場合，Lasso や Elastic Net でモデル選択をした場合を比較した．得られたモデルの推定値の比較を**表**

表 9.2 重回帰モデルでのモデル選択で選ばれた特徴量

	変数選択なし	変数増減	Lasso	Elastic Net
切片	4.1525	4.1363	4.0659	4.0627
犯罪率	-0.0103	-0.0103	-0.0097	-0.0097
区画	0.0012	0.0011	0.0008	0.0008
産業	0.0025			
川[0]	-0.0504	-0.0526	-0.1029	-0.1029
窒素酸化物	-0.7784	-0.7217	-0.6536	-0.6525
部屋数	0.0908	0.0907	0.0947	0.0949
築年	0.0002			
ビジネス地域への距離	-0.0491	-0.0517	-0.0455	-0.0454
高速道路	0.0143	0.0134	0.0105	0.0105
税	-0.0006	-0.0005	-0.0004	-0.0004
先生と生徒の比	-0.0383	-0.0374	-0.0364	-0.0363
少数民族	0.0004	0.0004	0.0004	0.0004
低所得者	-0.0290	-0.0286	-0.0286	-0.0286
R^2	0.790	0.789	0.788	0.788

9.2 に示す. どのモデルの寄与率 R^2 も 0.75 弱で, 推定精度は高くはない. ここでは, 変数増減法で得られたモデルの予測プロファイルを使って, ある条件の予測を行った結果を図 9.9 に示す.

次に, モデル選択で共通に採用された 11 の入力特徴量を使ったニューラルネットワークを考える. ニューラルネットワークは分析者がハイパーパラメータである隠れ層とノードの設定を行う必要がある. ケーススタディ㉗では活性化関数に $TanH$ を使い, 隠れ層の数とノード数をいろいろと変えたモデルを考え, ツアーの数を 10 に設定してモデルを比較した. 各モデルの優劣は検証データに対する対数尤度の絶対値と寄与率 R^2 で評価した. その結果をグラフで表したものが図 9.10 である.

図 9.10 からわかるように, ケーススタディ㉗では隠れ層 $2TanH_1(3)$ $TanH_2(7)$ の場合に対数尤度の絶対値が最小で 206.31, かつ寄与率 R^2 は最大で 0.95 となる. このモデルの予測判定グラフを図 9.11 に示す. モデルは学習データと検証データによくあてはまっていることがわかる.

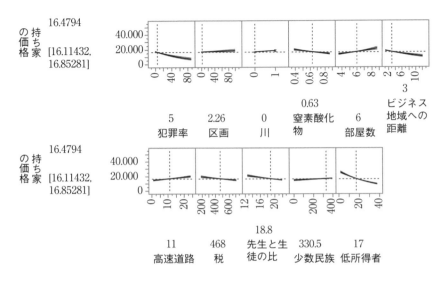

図 9.9　重回帰モデル (変数増減法) の予測プロファイル

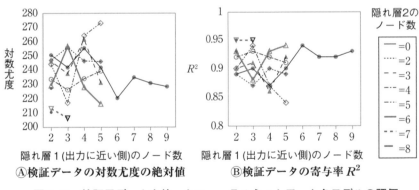

Ⓐ検証データの対数尤度の絶対値　　Ⓑ検証データの寄与率 R^2

図 9.10　検証用データを使ったニューラルネットワーク各モデルの評価

また，寄与率 R^2 の値から重回帰モデルよりもニューラルネットワークのほうが予測能力は高いことがわかる．

さらに，重回帰モデルの予測プロファイル (図 9.9) とニューラルネットワークの予測プロファイル (図 9.12) を比較してみよう．$TanH_1(3)$ $TanH_2(7)$ モデルの予測は 19.0 で重回帰モデルの予測 17.5 であるから両者は近い予測である．では，予測プロファイルに表示される関数の

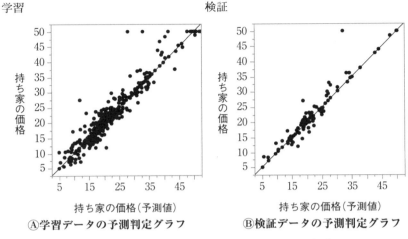

図9.11　学習データと検証データを使った予測判定グラフ

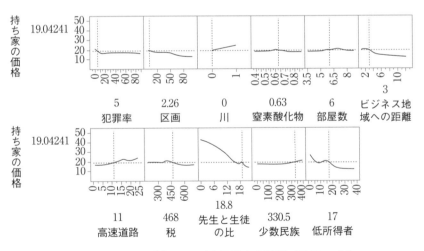

図9.12　*TanH₁*(3)*TanH₂*(7)モデルの予測プロファイル

形に違いは見られるであろうか. **図9.9**は主効果のみの線形モデルのため, ある特徴の値を動かしても, それ以外の特徴量と応答の関数の形は値が上下に動くだけで形は変わらない. 一方, **図9.12**は非線形モデルの予測プロファイルであるから, ある特徴量の値を変えると他の特徴量と応答の関数の形が大きく変化する. 予測プロファイルを使ったモデル

の解釈は，各特徴量の値をいろいろと動かしてみて応答との関数関係を確認する必要がある．また，特徴量同士に相関関係があることが自然であるので，入力特徴量間の相関構造が満たされた範囲内の条件での予測が望ましい．

　さらに，**図9.12** の予測プロファイルを詳細に眺めると，『先生と生徒の比』の条件が18.8の場合，『持ち家の価格』との関数に局所的なピークが現れる．解釈ができないような局所的なピークが見られる場合はモデルが過学習を起こしている可能性がある．このような状態を見つけたら，初期値を変更して再分析を行ったり，特徴量やハイパーパラメータ数を減らしたりしてモデルの修正を試みることも大切である．

　図9.13 は，**第10章**で紹介するランダムフォレストを使って，予測効果の大きい入力特徴量6つを使ったニューラルネットワークの予測プロファイルである．このモデルでは，前のモデルでは効果がないとされた『産業』が取り込まれている点に注目されたい．『産業』の入力値は値の大きい側に偏っているが，他の特徴量の入力値は入力条件に近い集団を抽出してその平均を使っている．検証データの寄与率は $R^2 = 0.89$ と下がってはいるものの，予測プロファイルに示した関数の形はどの特徴量にも局所的なピーク値がないため，過学習が起きてはいないと考えられる．ケーススタディ㉗の教訓は「数多くの特徴量を入力に用い，数多くのハイパーパラメータを使えばよいということではない」ということである．

　ところで，**図9.14** は潜在因子である各隠れ層の各ノードの値に散布

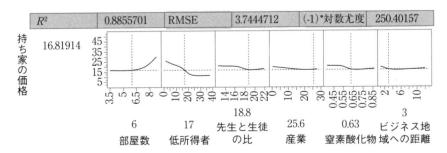

図9.13　6つの特徴量を使った予測プロファイル

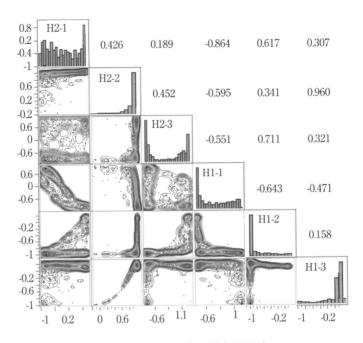

図 9.14　潜在因子間の散布図行列

図行列を等高線図で表したものである．図では右上三角の部分に相関係数を，左下三角部分に等高線図とヒストグラムを表示している．図にある潜在因子名は H の次の数字が隠れ層の違いを，後ろの数字がノードの違いを表している．ネットワーク図では同じ隠れ層のノード間はネットワークで結ばれていないが，通常の相関係数を計算すると無相関（r_{ij} $=0$）ではないことに注意されたい．ニューラルネットワークでは同じ隠れ層内のノード間には無相関とする制約はついていないのである．潜在因子間の関連性は非線形であるため，相関係数の値自体に大きな意味はなく，線形な世界（通常のデータ分析）での相関構造のような解釈を加えることは困難である．むしろ，散布図行列では，活性化の状況（−1 と 1 にきれいに分離されたものか，その多くが 1 の値，あるいは−1 の値をとっているか，0 付近の値が多いのか，など）の確認をするとよい．

9.2.3 【ケーススタディ㉘：時系列データを予測するニューラルネットワーク】

　ケーススタディ㉘は，ある工場で生産されている産業用ラベルに使われる用紙の『剥離強度』を予測する話である．この工場の操業条件と品質特性である剥離強度のデータが《用紙の品質特性》に記録されている．観測された期間は4月から9月中旬までの約6カ月である．**図9.15**は1日の『剥離強度』のばらつきを箱ひげ図で表したものに，時系列のカーネル平滑化曲線と等高線図を重ね合せたグラフである．また，グラフには規格の中心$(CL = 100)$と規格の上下限$(LSL = 125,\ USL = 75)$が記載されている．『剥離強度』の多くは規格内にあるものの，区間内での変動（カーネル平滑化曲線のうねり）が大きいことがわかる．そこで，『剥離強度』をばらつかせる要因探索のために，操業条件や中間特性を使って予測モデルを求めてみる．まず，ステップワイズの変数増減法（閾値：$IN = 0.05,\ OUT = 0.05$）で重回帰モデルを求めた結果を**表9.3**に示す．自由度調整済寄与率$R^{*2} = 0.60$とあてはまりはよいとはいいがたい．

　次に，ニューラルネットワークを使って予測モデルを求めてみよう．ここでも過学習しないように入力特徴量の選択を行う．選択には，ケーススタディ㉗と同様にランダムフォレストを使って，応答の『剥離強

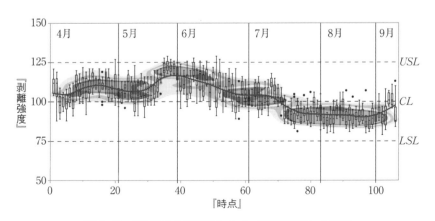

図9.15　《用紙の品質特性》から『剥離強度』の推移

表 9.3　『剥離強度』を予測する重回帰モデルの推定値

R^2	0.602523
自由度調整 R^2	0.599916
誤差の標準偏差（RMSE）	6.842174

項	推定値	標準誤差	t 値	p 値（Prob > $\mid t \mid$）	VIF
切片	243.55772	56.11055	4.34	<.0001*	.
外湿度	0.2542719	0.013319	19.09	<.0001*	1.3070244
蒸気圧	-0.47145	0.055815	-8.45	<.0001*	5.0845966
制御室温度	-10.51517	1.900749	-5.53	<.0001*	16.745421
制御室 IN 張力	0.1481705	0.033771	4.39	<.0001*	5.4743524
制御室 OUT 張力	0.5399017	0.051473	10.49	<.0001*	4.8327919
塗布液温度	0.4889	0.202562	2.41	0.0159*	10.305901
工程液温度	0.4888002	0.182992	2.67	0.0076*	7.3063796
検査温度	1.4293841	0.342882	4.17	<.0001*	8.9350253
検査粘度	0.1700544	0.044373	3.83	0.0001*	4.5576738

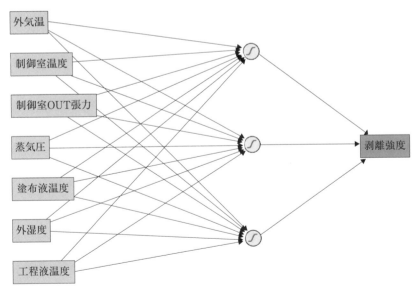

図 9.16　『剥離強度』を予測するネットワーク

度』に影響する7つの特徴量を選定した．あまりモデルを複雑にしたくないので，図**9.16**に示した隠れ層を1つ，ノード数3つのネットワークを構成する．

ケーススタディ㉘では，ツアー数を10回に設定してパラメータを推定する．得られたモデルを使った予測判定グラフを図**9.17**に示す．①のグラフが学習データの結果で，②のグラフが検証データの結果である．マーカーの違いは，●が6月の『剥離強度』の観測値と予測値のプロット，▲が8月の『剥離強度』の観測値と予測値のプロット，・がそれ以外の月の『剥離強度』の観測値と予測値のプロットである．寄与率は学習でも検証でも$R^2 = 0.75$とほぼ同じである．また，両者の散布状態もよく似ているので汎化性能も問題がなさそうである．

また，このモデルを使った予測プロファイルを図**9.18**に示す．上側のプロファイルが『剥離強度』が強くなった6月の平均を使った予測，

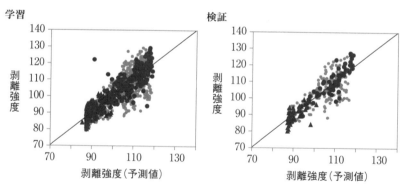

学習 剥離強度			検証 剥離強度		
指標	値		指標	値	
R^2	0.7438607		R^2	0.7613829	
RMSE	6.0909271		RMSE	5.9120255	
平均 絶対偏差	4.5864932		平均 絶対偏差	4.4016703	
(-1)*対数尤度	3557.1868		(-1)*対数尤度	876.33623	
SSE	41031.929		SSE	9646.7646	
度数合計	1106		度数合計	276	

▲：8月の剥離強度
●：6月の剥離強度

●　：他の月の剥離強度

図9.17　『剥離強度』のニューラルネットワークによる予測

■ **6 月の工程管理条件の平均**

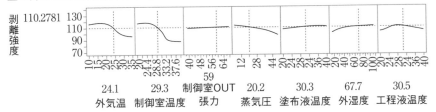

剥離強度　110.2781

■ **8 月の工程管理条件の平均**

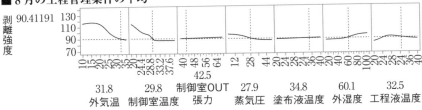

剥離強度　90.41191

図 9.18　『剥離強度』の予測プロファイル

下側のプロファイルが『剥離強度』が弱くなった 8 月の平均を使ったプロファイルである．実際の観測値の平均は 6 月が 109.73 で，8 月が 90.75 であるから，よい予測ができていると考えられる．予測プロファイルの関数の形も局所的なピークをもたず，その傾向は技術的に説明がつく結果となっている．『剥離強度』を安定な値に制御するには工程条件の微細な制御よりも，工程が外気温の影響を受けないような温度管理を行うことが重要かもしれない．

第10章　ランダムフォレスト

　回帰や判別とは異なるアプローチとして，応答を逐次的に2分岐させて予測や分類を行う分岐モデルを作る方法がある．そのモデルは**決定木**と呼ばれる．この方法はいつでも精度の高い木が得られるとは限らない．武将の毛利元就は「複数が力を合わせれば強い力を発揮できる」という意味の"三本の矢"の逸話で有名である．本章で紹介する**ランダムフォレスト**はその名が示すとおり，さまざまな木をランダムに発生させ，それぞれの木が示す結果を総合的に判断する方法である．複数の木を使うことで，強い森を作るのである．

10.1　決定木分析

　決定木分析（あるいは**決定分析**）と呼ばれる方法は，JMP ではパーティション，JUSE-StatWorks では多段層別分析と呼ばれ，応答が量的な場合は **AID**（**A**utomatic **I**nterction **D**etection），質的な場合は **CHAID**（**Ch**i-squared **A**utomatic **I**nteraction **D**etection）と呼ばれるアルゴリズムが使われる．本節では最初に CHAID を，その後で AID の考え方を紹介する．

10.1.1　【数値例⑯：木モデルを使った判別境界】

　図 10.1 は『x_1』と『x_2』の平面で2つのクラスの違いを調べた層別散布図である．マーカーの○はクラス1を，◆はクラス2を表している．2つのクラスを分類する方法は2つ考えられる．

　一つ目の方法はすでに学んだ判別分析を使って判別境界線を求める分類法である．**図 10.1** の右下がりの直線が判別分析で得られた判別境界で，2つのクラスをうまく分類できている．

　二つ目の方法は『x_1』あるいは『x_2』の値を使って，逐次的に仕切り

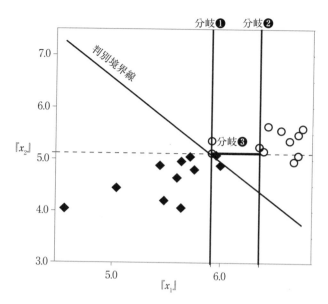

図 10.1　《境界線》の『x_1』と『x_2』の平面におけるクラス分類の方法

を作っていく方法である．図 10.1 のように，最初に分岐❶としてx_1＝
5.92 で仕切りを作る．仕切りであるx_1＜ 5.92 の箱（領域）ではすべての
観測点がクラス 2（◆）に属している．x_1≧ 5.92 の箱では大半がクラス
1（〇）に属する観測点であるが，クラス 2（◆）に属する観測点も少し混
じっている．そこで，分岐❷としてx_1＝6.36 で仕切りを作る．こうす
ると分岐❷の右側の箱はすべてクラス 1（〇）が属する．しかし，分岐❷
の左の箱は，クラス 1（〇）とクラス 2（◆）に属する観測点が混じってい
る．そこで，分岐❸としてx_2＝5.12 で仕切りを作ると，分岐❸の上の
箱にはクラス 1（〇）に属する観測点だけが，下の箱にはクラス 2（◆）に
属する観測点だけが入る．このように，逐次的に 2 分割することで分類
を行う方法が **CHAID** である．CHAID は軸と並行な直線で区切られる
箱（局所的な交互作用）を形成していくことにより，判別分析に比べて少
し複雑な境界を作ることができる．

10.1.2 CHAID の考え方

数値例⑯では，どのような考え方で分岐を行うのであろうか．提供されるソフトウェアにより方法は異なるが，1番簡単な方法を紹介する．

手順❶として，『x_1』の値を昇順に並べ替えて，順序統計量，$x_{(1)}$，$x_{(2)}$，…，$x_{(n-1)}$，$x_{(n)}$を作る．

手順❷として，最小値である$x_{(1)}$とそれ以外で2つの水準を作り，クラスの違いを表す『y』との2元表を作成する．この2元表で得られるカイ2乗統計量（対数尤度比）G^2は以下の式(10.1)を計算する．

$$G^2 = 2\{\sum \sum n_{ij} \cdot \ln(n_{ij} m_{ij})\} \tag{10.1}$$

ここで，n_{ij}は各セルの実度数，m_{ij}は各セルの期待度数であり，期待度数は表10.1に示した例のように計算する．セルの実度数が0の場合は小さな値を入れて補正を行う場合がある．補正の仕方はソフトウェアによって異なる．同様に，$\{x_{(1)}, x_{(2)}\}$と，それ以外で2つの水準を作り分散分析を行う．順次，同様に$\{x_{(n)}$とそれ以外$\}$までのカイ2乗統計量を計算する．手順❸として，得られたカイ2乗の値の1番大きな値をもつ$x_{(i)}$を『x_1』の仕切り位置の候補とする．手順❹として，手順❶〜❸を『x_2』でも行う．手順❺として，得られた候補同士を比較してカイ2乗の値の大きいほうを最初の仕切りとする．手順❻として，左右に分岐されたサブセットごとに上記の手順❶〜❺を行い仕切り位置が決められる．こうして逐次的に仕切りが繰り返される．手順❼として，あらかじめ定めた条件（仕切られた条件に含まれる最小数，カイ2乗の値（あるいはp

表10.1　2元表での尤度比G^2の計算例

		実データ		小計
		クラス1	クラス2	
予測	クラス1	11	0	11
	クラス2	2	10	12
小計		13	10	23

		実データ		小計
		クラス1	クラス2	
予測	クラス1	11 × 13/23 = 6.78	11 × 10/23 = 4.78	11
	クラス2	12 × 13/23 = 6.26	12 × 10/23 = 5.22	12
小計		13	10	23

$G^2 = 2 \cdot \{11 \cdot \ln(11/6.22) + 0 \cdot \ln(0/4.48) + 2 \cdot \ln(2/6.26) + 10 \cdot \ln(10/5.22)\} \fallingdotseq 20.68$
（注）　セルの度数が0の場合は非常に小さな値の補正が行われる．

値)など)まで達したら，仕切り作業を終了して，各仕切りで囲まれた箱
で分類を行う．こうして，CHAID の分析を終了する．

　なお，仕切りを作る作業は**分岐**，仕切られた区間は**ノード**と呼ばれる．
分析者の知見から判断して，箱の幅が狭すぎた場合(解釈できないと感
じたら)は，仕切りを取り外し 1 つ前の状態に戻す．この作業は**剪定**と
呼ばれる．

　最後に，数値例⑯に CHAID で分岐ルールを求めた最終結果の木を**図
10.2** に示す．図に表された G^2 の値(図の表記は $G^{\wedge}2$)は，得られたサブ
セットの尤度比を計算したもので，分岐の候補を定めるための 2 元表の
尤度比ではないことに注意してほしい．例えば，図の 2 段目右のサブ
セットの G^2 は，以下のように求められる．

$$G^2 = -2 \cdot \{11 \cdot \ln(11/13) + 2 \cdot \ln(2/13)\} = -2 \cdot (-1.838 - 3.744)$$
$$= 11.16$$

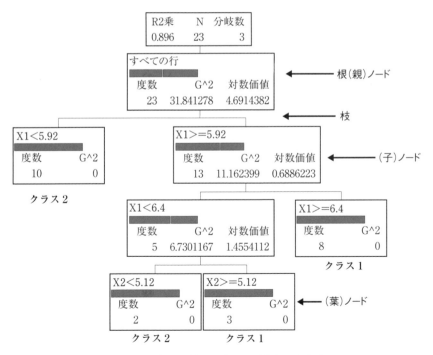

図 10.2 《境界線》の『y』に対する決定木

　なお，数値例⑯は CHAID の考え方を示すために小さな標本数を使っている．

10.1.3 CHAID の別な評価指標

　対数尤度比以外の **CHAID** の評価指標として，**ジニ係数**や**交差エントロピー損失**，κ (カッパ) 係数などが使われる．ここでは，数値例⑯を使ってジニ係数と交差エントロピー損失の考え方を紹介する．分岐された各ノードに応答の水準が平等（あるいは均等）に含まれていれば分岐能力が低いことを意味する．逆に，分岐能力が高い場合は，各ノードに含まれる応答の水準の構成比率がアンバランスになる．計量経済の分野では社会における所得配分の均衡・不均衡を表す指標として**ジニ係数**が知られている．ここでは応答が 2 クラスの場合のジニ係数 $I(p_1, p_2)$ を考える．ジニ係数は，

$$I(p_1, p_2) = 1 - (p_1^2, p_2^2) \tag{10.2}$$

で与えられ，p_1 はクラス 1 に属する確率，p_2 はクラス 2 に属する確率である．いま，応答『y』を 2 つのプランで分岐することを考える．その様子を**図 10.3** に示す．分岐の優劣は分岐前と荷重平均の差が最も大きなものを分岐ルールとする．

　なお，ジニ係数は，**7.3 節**で紹介した AUC と同義で完全予測できるモデルにどれだけ近いかを表す指標である．ジニ係数はランダムモデルを規準に完全予測できるモデルの面積からランダムモデルの面積を引き，残りが何％の面積を占めているかを表したものである．また，AUC は完全予測できるモデルの面積の何％を占めているかを表したものである．したがって，ジニ係数も AUC も 1 の時に完全予測モデルと一致し，1 に近いほどよいモデルであることを示す指標である．

　次に，交差エントロピー損失を使った評価方法を紹介する．交差エントロピー損失は，情報理論の分野で物事の乱雑さを測る指標として利用され，情報量として知られている．この指標も，分割前の交差エントロピーと加重平均の差が最も大きい特徴量が分岐能力は最も高いとするものである．本項では，応答が 2 クラスの場合の交差エントロピー損失を

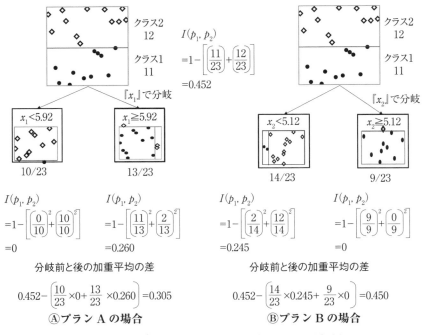

図 10.3　ジニ係数を活用した分岐ルールの選択例

考える．交差エントロピー損失$E(p_1 \cdot p_2)$は，

$$E(p_1 \cdot p_2) = -(p_1 \log_2 p_1 + p_2 \log_2 p_2) \qquad (10.3)$$

で計算する．交差エントロピー損失を使った分岐候補の計算の様子を**図 10.4** に示す．候補となる特徴量に大差がない場合は評価指標によって，分岐に使われる特徴量が変わる場合がある．1 つの評価指標を鵜呑みにするのではなく，複数の評価指標から分岐の候補となる特徴量を選んだり，複数の木を求めて検証データの R^2（1－対数尤度の比）で判断したり，などの工夫も必要である．

10.1.4　【数値例⑰：決定木を使った予測】

図 10.5 は《樹形モデル》の『x_1』と『y』の散布図である．『y』を予測する方法は，2 つある．

方法❶は回帰モデルで，**図 10.5** には点線で 1 次式（回帰直線）を，破

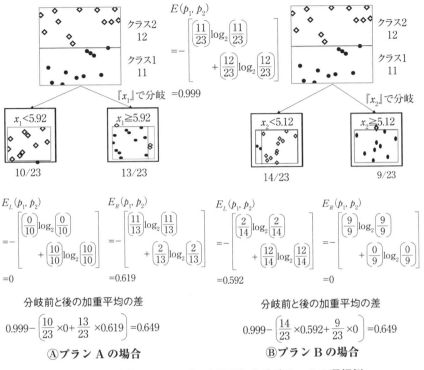

図 10.4　交差エントロピーを活用した分岐ルールの選択例

線線で 2 次式をあてはめた結果を示している．方法❷は木モデルで，あるルールに従って『x_1』の区間を設定して，区間ごとに平均を求めてステップ関数としてつなぐものである．

　方法❷では，最初に『x_1』の値 3 を境界として，3 未満の区間の平均を求めて，その値 9.1 で平均線を引き，3 以上の区間の平均を求めて，その値 13.1 で平均線を引く．その結果は細線のステップ関数で表示されている．次に，最初に『x_1』の値，3 以上の区間を値 4 で 2 分割し，『x_1』の値が 3 以上 4 未満の区間の平均を計算して，その値 9.3 をこの区間の代表値と考え，平均線を引き直す．『x_1』の値が 4 以上の区間の平均を計算して，その値 16.9 をこの区間の代表値と考え平均線を引き直す．最後に，『x_1』の値が 3 未満の区間についても，値 2 で 2 分割し，『x_1』の値が 2 未満の区間の平均を計算し，その値 11.4 をこの区間の代

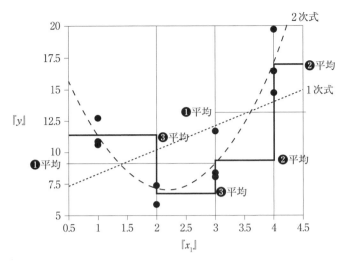

図 10.5　《樹形モデル》の『x_1』と『y』の平面における予測の分類

表値と考え，平均線を引く．同様に，『x_1』の値が 2 以上 3 未満の区間の平均を計算し，その値 6.9 をこの区間の代表値と考え，平均線を引く．これらの平均線をステップ関数としてつなげる．その結果が太線のステップ関数である．こうして予測を行う方法が AID である．

10.1.5　AID の考え方

　数値例⑰ではどのような考え方で区間を定め，区間ごとの平均を計算したのだろうか．提供されるソフトウェアにより方法は異なるが，CHAID の考え方と同様に 1 番簡単な方法を紹介する．手順❶として，『x_1』の値を昇順に並べ替えて，順序統計量，$x_{(1)}$，$x_{(2)}$，$\cdots$，$x_{(n-1)}$，$x_{(n)}$ を作る．手順❷として，最小値である $x_{(1)}$ とそれ以外で 2 つの水準を作り分散分析を行う．同様に，$\{x_{(1)},\ x_{(2)}\}$ と，それ以外で 2 つの水準を作り分散分析を行う．順次，同様に $\{x_{(n-1)},\ x_{(n)}\}$ とそれ以外までの分散分析を行う．手順❸として，求めた分散分析の最大の F 値（あるいは最小の p 値）が得られた $x_{(i)}$ を仕切りとして，その上下を区間として平均線を引きステップ関数を作る．手順❹として，手順❶〜❸を仕切られた区間ごとに行い，順次，区間の幅を狭めていく．手順❺として，あらかじめ

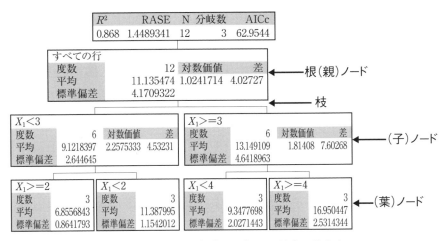

図 10.6　《樹形モデル》の『y』に対する決定木

定めた条件(区間に含まれる最小数, F 値(あるいは p 値)など)まで達したら, 仕切り作業を終了して, 各区間の平均線を階段状につないだステップ関数を作る. こうして, AID の分析を終了する.

　なお, CHAID と同様に, 仕切りを作る作業は**分岐**, 仕切られた区間は**ノード**と呼ばれ, 分岐は回帰分析におけるステップワイズの特徴量のモデルの取り込みに相当する. 分析者の知見から判断して, 区間の幅が狭すぎた(解釈できないと感じた)場合は, 仕切りを取り外し1つ前の状態に戻す. この作業は**剪定**(せんてい)と呼ばれる. 剪定は回帰分析におけるステップワイズの特徴量のモデルからの除外に相当する. 数値例⑰に AID で分岐ルールを求めた最終結果の決定木を**図 10.6** に示す.

10.1.6　決定木分析の一般的手順

　決定木分析の一般的な流れを**図 10.7** に示す. 手順❶でデータの収集と吟味を行う. 研究目的の対象となるデータを偏りなく集める. データ収集の際に出力したい分類情報(あるいは応答)をもつ特徴量や入力とする原因系の特徴量を広く集め, 集めた生データを吟味する. また, 量的な生データをそのまま特徴量にすることもあるが, 変数変換など施したものを新たな特徴量にすることもある.

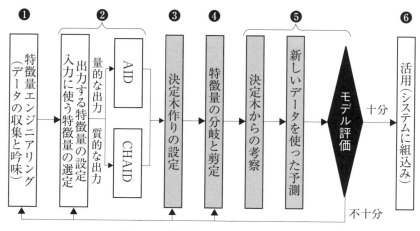

図 10.7　決定木分析の一般的な流れ

　手順❷で入力と出力となる特徴量を設定する．決定木分析では，量的な出力は AID，質的な出力は CHAID が使われる．入力に使う原因系の特徴量を複数選定する．数多くある原因系の特徴量のなかから予測，あるいは個体の分類に役立つ特徴量を選定し，それを入力に使う．なお，決定木分析では逐次的に分岐や剪定を行うので，入力特徴量のなかに出力にさほど影響しないものが含まれていても，モデルに取り込まれないのであまり神経質になる必要はない．

　手順❸からがデータの本分析になる．手順❸では木を作る設定を行う．設定はノードに含まれる個体数の最小数やクロスバリデーションのやり方などを設定する．手順❹では木の分岐と剪定を行う．分岐と剪定は手動で対話的に行うソフトウェアもあるが，自動で行う場合には分析者が条件（ハイパーパラメータ）を事前に設定する必要がある．例えば，剪定の閾値を設定して閾値以下となる分岐が行われなくすることや，木の深度として木の最大の深さを事前に決めることや，ノードの最小個体数を設定して閾値以下となる分岐が行えなくすることが考えられる．

　手順❺で得られたモデルの評価を行う．作られたモデルの汎化性能を評価して，不十分なら手順❶〜❹のステップに戻り，モデルを再検討する．例えば，クロスバリデーションにより検証データの寄与率 R^2 が最

大となるところで分岐を終了することで過学習を防ぐなどの評価を行う.
データにモデルがよく適合しており, 汎化性能も高ければ, 手順❻とし
て得られたモデルをアルゴリズムとしてシステムに組み込む. なお, 決
定木や次節で紹介するランダムフォレストなどの方法で得られた入力特
徴量の効果は, 他の機械学習の方法での入力特徴量の設定に役に立つの
で, データ分析の事前分析にしばしば使われる.

10.1.7　【ケーススタディ㉙：糖尿病患者の症状進行予測】

　ケーススタディ㉙では442人の糖尿病患者の『年齢』『性別』『BMI』
『平均血圧』, および6種類の血清の全10個のベースラインの値が入力
された入力特徴量と応答『Y』は, ベースライン時点から1年後におけ
る病気の進行を定量的に表した値を使う. データはJMPのサンプル
データである《Diabetes》に記録されている. また, データには学習用
と検証用に用いられる個体の分類が行われている.

　図10.8は15回の分岐を行った場合の寄与率R^2の変化の様子を示し
た折れ線グラフである. 学習データでは分岐を行うごとに寄与率R^2の
値は増加しているが, 学習データで得られた結果を検証データで確認す
ると, 4分岐時点の寄与率R^2の値が最良である. このことより, 分岐
数を5以上にした場合には過学習が起きやすくなっていることがわかる.
決定木分析では分析に使っている学習データを完全に分離しようとする

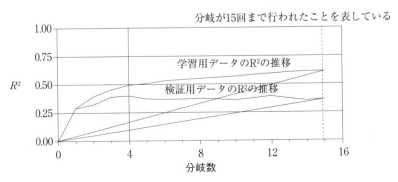

図10.8　分岐によるR^2の変化

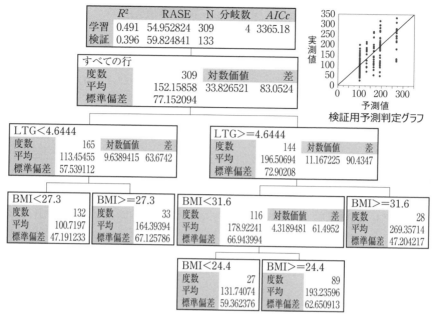

図 10.9　糖尿病患者の症状進行の決定木

あまり，新しいデータが来たときにうまく分類できなくなることが多い．
このため，クロスバリデーションを組み込んでモデルの評価をしっかり
行う必要がある．

　図 10.9 は分岐を 4 回行った時点の木を示したものである．検証デー
タの R^2 は 0.39 であるから，このモデルでは症状進行を精確に予測でき
ない．また，**図 10.9** 右上に示された検証データの予測判定グラフから
も，各ノードにおいて『Y』のばらつきが大きいことから，出力された
値では応答『Y』を精確に予測できていないことがわかる．

10.1.8　特徴量の重要度

　決定木分析では木を作成するときの評価関数の値をもとに特徴量の重
要度を計算することができる．ここでは，特徴量 x_i についての重要度の
計算手順を以下に示す．

❶　ノード N_f で最適な分岐条件 x_i での評価関数の変化量 $\Delta I(N_f, x_i)$

を計算する(分岐条件計算時の分岐前と加重平均の差).

❷ 変化量$\Delta I(N_f, x_i)$にノードに含まれるデータ数に応じた重みw_f (ノードN_fのデータ数と全データ数の比率)を計算する.

❸ 葉ノード以外のノードで$w_f \cdot \Delta I(N_f, x_i)$を計算して足し合わせる.

重要度の計算によって,分岐条件になっていない特徴量であっても,重要度が大きな特徴量が見つかる場合がある.木が完成したら特徴量の相対的な重要度を確認しておくことも大切である.

10.2 ランダムフォレストの基礎

ランダムフォレスト(ブートストラップ森) は,複数の木を組み合せたモデルをあてはめる方法である.元のデータから**復元無作為抽出**(ブートストラップ抽出)したデータに木を作るという処理を何度も行う.各木の各分岐では無作為抽出された指定個数の特徴量のなかから分岐で使用される特徴量が選定される.このようにして得られる多くの木(弱いモデル)を組み合わせて,最終的に予測精度の高いモデルを作成することができるという考え方である.最終的な予測値はすべての木から得られる予測値を平均したものになる.

10.2.1 複数の木を使ったアンサンブル学習

アンサンブル学習とは多数決をとることで未学習のデータに対しての予測能力を向上させる方法である.異なる楽器を重ね合わせることで壮大な音楽を奏でるオーケストラのように,決定木などの**弱学習機**(予測あるいは分類の性能が低いアルゴリズムを指す)に適用することで性能の高いモデルを得ることが可能となる.アンサンブル学習には**バギング**と**ブースティング**の方法がある.

バギングではブートストラップ法が使われる.ブートストラップ法とはデータから**復元抽出**(抽出したデータは元に戻されるので再び抽出される可能性がある)を行い,弱学習機ごとに新しいサブセットを作る方

法である．バギングはブートストラップ法で得られたさまざまな弱学習機を統合してアルゴリズム全体の性能を向上させることを目的にしている．また，モデルを構成する弱学習機間は互いに影響を与えないので同時に処理が可能となり，短時間で計算が終了する．また，モデルを構成する弱学習機には必ず学習に使っていない個体が含まれるため，汎化性能の見積もりが可能となる．このため，一般に過学習を起こしにくいが，後述するブースティングほど高性能にはなりにくい．

　一方，ブースティングは前のモデルが間違った予測に対して重みを加味して，次のモデルで正解させていく方法である．一般に性能が高いとされるが，バギングよりも過学習になりやすいといわれる．

10.2.2　ランダムフォレストの概要

　ランダムフォレストはバギングを応用した方法で，バギングを行って複数の木を作成する．複数の木を用いるという意味で「フォレスト」という名がつけられた．また，ランダムフォレストはバギングだけでなく，分岐のたびに特徴量は**非復元抽出**（選ばれた個体は二度と元には戻さずに，順次，別の個体が抽出される方法）がなされる．出力が質的な場合では，特徴量の抽出数は対象とした特徴量数 p に対して，p の平方根が推奨されている．**図10.10** は出力が質的な場合のランダムフォレストでの分類の考え方を示したものである．ランダムフォレストでは，さまざまな決定木で得られた判定結果の多数決により個体の属するクラスが決

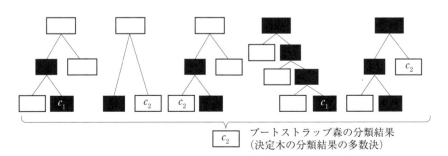

ブートストラップ森の分類結果
（決定木の分類結果の多数決）

図10.10　出力が質的な場合の個体が属するクラスの決定方法

定される.

　また，ランダムフォレストでは，一部のハイパーパラメータが大きい
ほど汎化性能は強くなるが，大きくしすぎても汎化性能は衰えにくいた
め，過学習のリスクが小さいことが知られている．さらに，汎化性能と
特徴量の重要度が簡単に計算できるという特徴がある．しかし，各個体
は複数の木の結果による多数決により分類先が決まるので，決定木のよ
うな解釈を行うことができない.

　なお，ランダムフォレストで分析する前に以下に示すハイパーパラ
メータの設定が必要である．設定すべきハイパーパラメータはソフト
ウェアによって異なるが，一般的に木の数・各木で分岐条件に使う特徴
量の数・各木を作成する際に使う個体数・木の設定(剪定の閾値・木の
深さ・ノードの最小個体数)などがある.

10.2.3　OOBデータの活用

　OOB(Out Of Bag)データとは復元抽出で選ばれなかった個体のデー
タである．ブートストラップ法による標本抽出は**復元抽出**である．復元
抽出の例として，くじ引きを考える．通常のくじ引きでは，壺からくじ
を1つ引くと選ばれたくじ(個体)はそのまま破棄される．このため，く
じを引くたびに壺の中のくじは1つずつ減っていく．これが**非復元抽出**
である．復元抽出では，引いたくじは再び壺に戻されるため，壺の中の
くじの総数は常に一定である．N個のくじからN個選ぶ復元標本抽出
を繰り返し行うと，確率的に1回あたり約36%(1/e)のくじが選ばれな
いことが証明されている．この選ばれなかったくじ(個体)はOOBデー
タと呼ばれる．逆に，1度以上，抽出されたオブザベーションはバッグ
内標本(in-bag)と呼ばれる．OOBデータを検証データとすれば，汎化
性能の見積もりができる.

　また，OOBデータを活用して特徴量の重要度を知ることができる．
ある特徴量x_jの重要度I_jは，

$$I_j = \frac{1}{N}\sum_{i=1}^{N}(F_i - E_i) \tag{10.4}$$

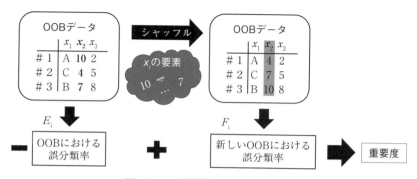

図10.11　重要度の求め方の概要

N：決定木の数

E_i：i番目の決定木でOOBを推定したときの誤分類率

F_i：i番目の決定木でx_jを無作為に入れ替えて作った新しい
　　　データでOOBに相当するデータを推定したときの誤分
　　　類率

で計算する．x_jの重要度I_jが大きいことは，x_jの変化にモデルが敏感に
反応する証であるから，予測への影響力がある重要な特徴量とみなすこ
とができる．参考までに，式(10.4)の意味を模式的に**図10.11**に示す．
図ではx_2の値を入れ替えた場合を例示している．

10.2.4　ランダムフォレストの手順

　ランダムフォレストの一般的な手順を**図10.12**に示す．

　手順❶でデータの収集と吟味を行い，研究目的の対象となるデータを
偏りなく集める．データ収集の際に出力したい分類情報をもつ特徴量や
入力とする原因系の特徴量を広く集める．集めた生データを吟味する．
また，生データをそのまま特徴量にすることもあるが，生データに変数
変換など施したものを新たな特徴量にすることもある．手順❷では入力
と出力となる特徴量を設定する．ランダムフォレストでは，量的な出力
はAID，質的な出力はCHAIDが使われる．入力に使う原因系の特徴
量を複数選定する．数多くある原因系の特徴量のなかから予測，あるい
は個体の分類に役立つ特徴量を選定し，選ばれた特徴量を入力に使う．

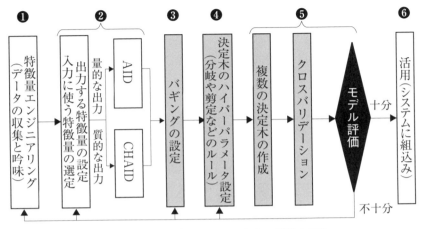

❶　❷　❸　❹　❺　❻

特徴量エンジニアリング（データの収集と吟味）

量的な出力　質的な出力　出力する特徴量の設定　入力に使う特徴量の選定

AID

CHAID

バギングの設定

決定木のハイパーパラメータ設定（分岐や剪定などのルール）

複数の決定木の作成

クロスバリデーション

モデル評価　十分　不十分

活用（システムに組込み）

図 10.12　ランダムフォレストの一般的な流れ

なお，ランダムフォレストでは複数の木を作成するので，入力特徴量のなかに出力にさほど影響しないものが含まれていても，モデルに取り込まれないのであまり神経質になる必要はない．

　手順❸では学習データからブートストラップ標本を抽出する条件の設定を行う．さらに，手順❹では木のハイパーパラメータを設定する．手順❺では抽出された標本に対して木をあてはめる．木の作成では説明してきたように各分岐において入力特徴量を無作為に選択している．木のハイパーパラメータの設定で決めた停止ルールの条件が満たされるまで分岐を続け，ランダムフォレストのハイパーパラメータの設定で決めた木の数に達するまで，または，早期打ち切りが発生するまで木を作成し続ける．

　応答が量的なものである場合，ランダムフォレストでは OOB データから計算される統計量（**バッグ外誤差**（out-of-bag error））を求め，ある個体における最終的な予測値は個々の木の予測値をまとめて平均したものになる．

　手順❺のモデルの評価ではエントロピー R^2 で現在のモデルと切片だけのモデル（データ全体で確率が一定のモデル）の対数尤度を比較する．この指標の範囲は 0〜1 であり，通常の寄与率だと考えてモデルの評価

に使えばよい．モデルの評価が不十分なら手順❶〜❹のステップに戻り，モデルを再検討する．データにモデルがよく適合しており，汎化性能も高ければ，手順❻として得られたモデルをアルゴリズムとしてシステムに組み込む．

10.2.5 【ケーススタディ㉚：クレジットリスクを求めるランダムフォレスト】

　ケーススタディ㉚では，ホームエクイティローン（住宅を担保にした消費者ローン）に関して顧客のクレジットリスクの良し悪しを決めるために，5960人のデータにランダムフォレストを使った例を紹介する．

　データは JMP のサンプルデータである《Equity》に記録されている．応答に『BAD』（不履行あるいは深刻な停滞の有無）を指定し，クレジットリスクを予測する．なお，このデータには1237もの欠測値が含まれている．例えば，入力特徴量『DEBTINC』』（債務対所得の割合）には22％の欠測値が含まれている．調査データでは欠測値が含まれるのは普通である．欠測値を1つの水準，あるいはある未知の値 X として処理することで欠測の背後にある情報を掴めることができるかもしれない．ケーススタディ㉚では欠測値の処理についても検討する．図 10.13 はランダムフォレストのなかのある決定木の深さ4までを示したものである．

　図 10.13 では最初に『VALUE』（現在の資産価値）の 22.399 で分岐が行われるが，左側の箱（ノード）には欠測値をもつ個体が含まれている．これは，機械が欠測値は 22.399 よりも小さい値であると判断した結果である．このノードに属する個体の87％が『Bad Risk（危険な顧客）』であり，欠測値をもつ個体は『VALUE』の値を「知らない」か「言いたくない」顧客の可能性が高いと考えられる．

　次に，『VALUE』が 22.399 以上（欠測値なし）のグループの分岐では，『DELINQ』（延滞しているトレードラインの数）が2で分岐が行われている．『VALUE』が 22.399 以上で『DELINQ』が2未満か欠測値のノードに属する個体の87％が『Good Risk』（問題のない顧客）であり，『DELINQ』が欠測値の顧客は延滞しているトレードラインはないから

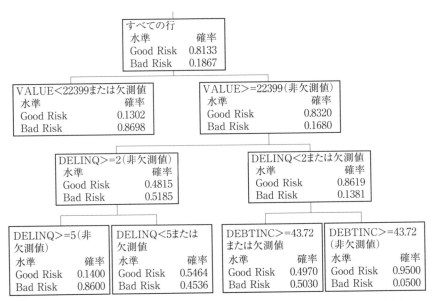

図 10.13　ランダムフォレストのある決定木の分岐状況（深さ 4 までの表示）

欠測値となった可能性が高いと考えられる．

　木の深さ 4 での右側にある『DEBTINC』（債務対所得の割合）の分岐
では，43.72 以上のノードに欠測値が含まれている．欠測値の個体は
「債務対所得の割合が高くていえない」か「債務対所得の割合に無頓着
でその値が高くなっていることがわからない」顧客である可能性が高い
と考えられる．このように，入力特徴量が欠測値であってもランダム
フォレストでは欠測値に潜む意味を理解したデータ分析が可能である．

　今度は 1 つの木の考察ではなく，森全体の結果を考察する．今回のバ
ギングの設定は，木の数を 100・分岐に使う特徴量の数を 3・ブートス
トラップ抽出率を 1.00 としている．また，決定木分析のハイパーパラ
メータの設定では，最小分岐数を 10・最大分岐数を 2000・ノードに属
する個体の最小数を 5 と設定している．また，あらかじめ個体を学習
データ 3576・検証データ 1192・評価データ 1192 に分けている．**表
10.2** にランダムフォレストの統計量を示す．

　検証データに対するエントロピー R^2 は 0.5 強であり誤分類率は 10%

表 10.2　《Equity》のランダムフォレストの分析結果の一覧

指標	学習	検証	テスト	定義
エントロピーR^2	0.7091	0.5387	0.5423	1-Loglike(model)/Loglike(0)
一般化R^2	0.8006	0.6679	0.6635	$(1-(L(0)/L(\text{model}))^{(2/n)})/(1-L(0)^{(2/n)})$
平均-Log p	0.1405	0.2492	0.2315	$\Sigma -\text{Log}(\rho[j])/n$
RASE	0.1922	0.2764	0.2630	$\sqrt{\Sigma (y[j]-\rho[j])^2/n}$
平均絶対偏差	0.1114	0.1634	0.1526	$\Sigma |y[j]-\rho[j]|/n$
誤分類率	0.0445	0.1116	0.0914	$\Sigma (\rho[j] \neq \rho\text{Max})/n$

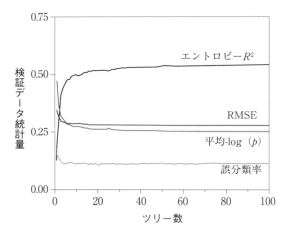

図 10.14　決定木の数と統計量の変化の様子

強であるから，高い精度の分類ができているとはいえない．それでも，
図 10.14 に示すようにアンサンブル効果により，個々の木よりはエント
ロピー R^2 も誤分類率も改善されている．また，**図 10.15** のように入力
特徴量の効果の大きいものから並べて示すと，『DEBTINC』(債務対所
得の割合)の影響が1番大きく全体の1/3強を占めていることがわかる．
　また，JMP では**図 10.16** に示すように予測プロファイルを使ってラ
ンダムフォレストでも予測や分類が可能である．図に示した条件の顧客
のうち90%強が『Bad Risk』(危険な顧客)に分類されると予測される．
このような条件にマッチした顧客は危険だと判断されるのである．

項	特徴量の意味	分岐数	分岐数		割合
DEBTINC	債務対所得の割合	1473	1473		0.3485
VALUE	現在の資産価値	1892	1892		0.0960
DELINQ	延滞しているトレードラインの数	1088	1088		0.0838
CLAGE	最も古いトレードラインの月齢	1960	1960		0.0758
CLNO	トレード(クレジット)ラインの数	2073	2073		0.0684
LOAN	現在の融資依頼額	1933	1933		0.0627
DEROG	信用調査会社問合せ数	998	998		0.0585
YOJ	現職の在籍年数	1881	1881		0.0510
MORTDUE	現在の担保の未払金	1746	1746		0.0509
JOB	職業のカテゴリ	1548	1548		0.0476
NINQ	最近のクレジットの問合せ数	1532	1532		0.0408
REASON	増改築または債務整理	1037	1037		0.0159

図 10.15　ランダムフォレストの特徴量の効果

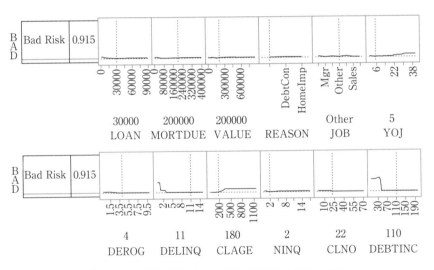

図 10.16　ランダムフォレストの予測プロファイル

10.2.6 【ケーススタディ㉛：アルゴリズムのコンテスト】

《アルゴリズムコンテスト》には，『特性 A』と『特性 B』および，『検査結果』の３つの特徴量が記録されている．『検査結果』の「O」が適合で，「X」が不適合である．本ケースでは，『特性 A』と『特性 B』を使って適合品と不適合品を判別するルールを作ることを考える．判別

には，Elastic Net による多項ロジスティック判別モデル・SVM・
ニューロ判別モデル・ランダムフォレストを考える．図 **10.17-❶**は不
適合品の観測点を正規混合法で 3 クラスに分類した結果を使った
Elastic Net による多項ロジスティック判別境界線を示したものである．
図 10.17-❷は SVM の判別境界線を示したものである．**図 10.17-❸**は
ニューロ判別の $TanH_1(3)\,TanH_2(3)$（隠れ層 2 の各層は同じノード数
3)の判別境界線を示したものである．**図 10.17-❸**はランダムフォレス
トで求めた境界線を示したものである．なお，❶～❹は初期値の与え方
で境界線が変化することに注意されたい．

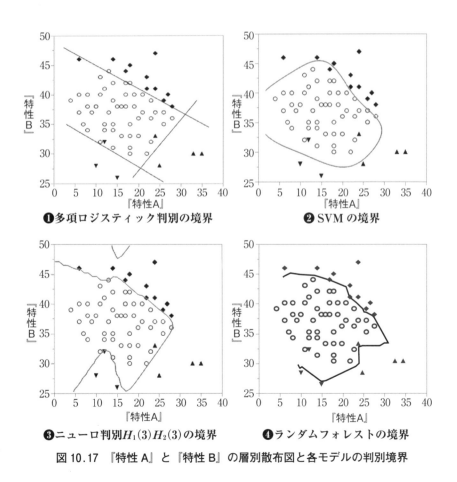

❶多項ロジスティック判別の境界　　❷ SVM の境界

❸ニューロ判別 $H_1(3)\,H_2(3)$ の境界　　❹ランダムフォレストの境界

図 10.17　『特性 A』と『特性 B』の層別散布図と各モデルの判別境界

　ここでは個体数 $n=67$ と少ないのですべてを学習データとした場合のモデルの評価を行う．その結果を表 10.3 の混同行列で示す．❶は多項ロジスティック判別の結果，❷は SVM の判別の判定，❸はニューロ判別 $H_1(3)H_2(3)$ の判定結果，❹はランダムフォレストの判定結果である．

　本ケースでは学習データの結果ではあるため，わずかな判定結果の優劣よりも判別境界線の作られ方に着目してほしい．多項ロジスティック判別の境界は複数の直線で境界が作られており解釈が容易なことがわかる．SVM は非線形な境界線(できるだけ滑らかであると汎化性能もよい)でクラスが囲まれているが，その意味するところはわかりにくい．ニューロ判別は自由な非線形の境界線が引かれるが，境界線の解釈はできない．ランダムフォレストは複数の線分で細かく仕切られた境界が得られるが，境界線の解釈はできない．

　表 10.4 は，教師あり分類の各アルゴリズムの特徴と注意点を示したものである．ケーススタディ㉛ではランダムフォレストの学習データの誤分類率が最小であったが，モデルの良し悪しは検証データを使った汎化性能の確認が必要である．また，ハイパーパラメータの調整によっては分類精度が変化する．さらに，各アルゴリズムは得意不得意があるので，どのような問題でもランダムフォレストの分類精度がよくなるわけ

表 10.3　各モデルの混同行列

❶多項ロジスティック判別

	実測○	実測×	計
予測結果○	47	2	49
予測結果×	2	16	18
計	49	18	67

❷ SVM

	実測○	実測×	計
予測結果○	49	3	52
予測結果×	0	15	16
計	49	18	67

❸ニューロ判別 $H_1(3)H_2(3)$

	実測○	実測×	計
予測結果○	48	2	50
予測結果×	1	16	17
計	49	18	67

❹ランダムフォレスト

	実測○	実測×	計
予測結果○	49	2	51
予測結果×	0	16	16
計	49	18	67

表 10.4　教師ありアルゴリズムの特徴と注意点

アルゴリズム	特徴	注意点
線形判別	▪ 線形モデルなので解釈が容易である ▪ 応用として 2 次判別が可能になる	▪ 複雑な判別はできない
(多項) ロジスティック判別	▪ 判別境界は線形なので解釈が容易である ▪ 線形判別より外れ値の影響を受けない	▪ 複雑な判別はできない
SVM	▪ 汎化能力，予測能力が高い ▪ モデルの再構築が簡単にできる ▪ 数式で結果を得ることができる	▪ 特別な空間での判別結果を観測空間に戻した判別境界は解釈ができない
決定木分析	▪ 決定木という直感的なグラフが得られる ▪ 処理内容の理解が簡単になる ▪ 膨大なデータを容易に処理できる	▪ 過学習が起こりやすい ▪ 木構造は式で表現できない
ランダムフォレスト	▪ 入力特徴量の相対的重要度が求まる ▪ ハイパーパラメータの調整が容易になる ▪ モデルとともに汎化能力がわかる	▪ 結果しかわからない

ではない．問題の性質によってはアルゴリズムを使い分けるとよいであろう．

10.2.7 【ケーススタディ㉜：アンサンブル学習による体脂肪率の予測】

　ランダムフォレストは，数多くの異なる木のアンサンブル効果によってモデルの推定精度を向上させる方法である．同じアルゴリズムの木ばかりを集めるのではなく，複数の異なるアルゴリズムを使ってアンサンブル学習を行うことで，全体としての推定精度の向上が期待できる．

　ケーススタディ㉜では，アンサンブル学習による男性 252 人の『体脂肪率』を予測することを考える．入力特徴量として，水中で測定した『体重』と身体部位の周囲長を用いる．データは JMP のサンプルデータ《Body Fat》に記録されている．アンサンブル学習の方法は，予測に使う各アルゴリズムでモデルを作成し，得られた各モデルの予測式を使って応答を予測する．予測に使う方法は重回帰分析ではなく，ニューラルネットワークを用いる．重回帰分析を使うと各アルゴリズムで求めた予測式同士に強い相関が発生するので，多重共線性が発生して好まし

くない. **図 10.18** に示すようにニューラルネットワークの隠れ層 1 ノード 1 で線形ニューラルを用いるとよい.

こうして得られたアンサンブル学習モデルと単一のアルゴリズムの効果を比較した結果を**表 10.5** に示す. アンサンブル学習により単一アルゴリズムで予測するよりも推定精度が向上していることがわかる. なお, アンサンブル学習の結果は人が解釈できるような形のモデルではないため, あくまでも予測精度向上を目指した技術である. また, 常にアンサンブル学習した結果が, 単一のアルゴリズムに勝る予測精度をもってい

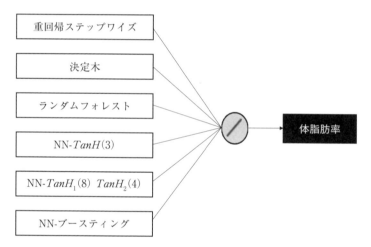

図 10.18 アンサンブル学習を行うためのニューラルネットワークの構造

表 10.5 『体脂肪率』を予測した各モデルの適合度の比較

予測子		R^2	RASE
体脂肪率の予測値 −	アンサンブルモデル	0.7958	3.7741
体脂肪率の予測値 −	NN-$TanH_1(8)\,TanH_2(4)$	0.7478	4.1941
体脂肪率の予測値 −	重回帰ステップワイズ	0.7350	4.2994
体脂肪率の予測値 −	重回帰 2 次交互作用追加	0.7349	4.3003
体脂肪率の予測値 −	決定木	0.7223	4.4012
体脂肪率の予測値 −	ランダムフォレスト	0.7103	4.4954
体脂肪率の予測値 −	NN-ブースティング	0.6875	4.6690
体脂肪率の予測値 −	NN-$TanH(3)$	0.6357	5.0408

るとは限らない.

　以上，ランダムフォレストを軸にして，機械学習のさまざまなテクニックを紹介した．機械学習では，手法の型にはまらずにさまざまな方法を試してみて，予測精度の向上を試みるとよいであろう．機械学習は伝統的な多変量解析に比べて多くのパラメータを消費した複雑なアルゴリズムであり，ハイパーパラメータの指定も必要であるので，汎化能力の評価が必須である．なお，機械学習を問題解決に用いるには，得られたアルゴリズムの予測精度をできるだけ下げずに，いかに単純な線形モデルに翻訳することができるかが重要である．その翻訳プロセスは経験に頼るところが大きいため，今後の研究成果に期待したい.

参考文献

●全般
[1]　赤穂昭太郎(2008)：『カーネル多変量解析』，岩波書店
[2]　永田靖・棟近雅彦(2001)：『多変量解析法入門』，サイエンス社
[3]　廣野元久(2018)：『JMP による多変量データ活用術 3訂版』，海文堂出版
[4]　廣野元久(2019)：『目からウロコの多変量解析』，日科技連出版社
[5]　マイケル J. A. ベリー，ゴードン・リノフ(著)，SAS インスティチュートジャパン，江原淳，佐藤栄作(共訳)(1999)：『データマイニング手法』，海文堂出版
[6]　リチャード・O. デューダ，ピーター・E. ハート，デイヴィット・G. ストーク(著)，尾上守夫(監訳)(2001)：『パターン識別』，アドコム・メディア
[7]　Trevor Hastie, Robert Tibshirani, Jerome Friedman (2001)：*The Elements of Statistical Learning*, Springer
[8]　SAS Institute：「JMP15.2 マニュアル」(https://www.jmp.com/ja-jp/support/jmp-documentation.html)
[9]　日本科学技術研修所(2020)：『JUSE-StatWorks/V5 操作ガイド機械学習編』，日本科学技術研修所

●第1章：ビッグデータの可視化
[10]　誘発磁場の原データ：Beainstorm の "Yokogawa" (https://neuroimage.usc.edu/brainstorm/Tutorials/Yokogawa)を著者が加工した．
[11]　投手成績のデータ：日科技連出版社のウェブサイト(https://www.juse-p.co.jp/)の「ダウンロード」で『目からウロコの統計学』あるいは『目からウロコの多変量解析』で検索してダウンロードできる．

●第2章：モデル検証
[12]　川野秀一，松井秀俊，廣瀬慧(2018)：『スパース推定法による統計モデリング』，共立出版
[13]　S. チャタジー，B. プライス(著)，佐和隆光，加納悟(訳)(1981)：『回帰分析の実際』，新曜社
[14]　杉花粉の原データ：環境省のウェブサイト「粉飛散開始情報」(リンク：NPO法人花粉情報協会，http://www.env.go.jp/chemi/anzen/kafun/)で公開され，随時更新される．

●第3章：カーネル主成分分析

[15]　John C. Gower, Sugnet G. Lubbe, N. Roux (2011)：*Understanding Biplots*, Wiley

●第4章：クラスター分析

[16]　SAS Institute (1983)："SAS Technical Report A-108：Cubic Clustering Criterio"（https：//support. sas. com/ documentation/ onlinedoc/ v82/techreport_a108.pdf）

[17]　死因のデータ：厚生労働省「人口動態統計年報　主要統計表」（https://www.mhlw.go.jp/toukei/saikin/hw/jinkou/suii09/index.html）より引用した.

●第5章：判別分析／第6章：サポートベクターマシン

[18]　缶詰工場のデータ：上記の参照文献[5]を参照して著者が人工的に作成した.

●第7章：ロジスティック判別分析

[19]　David W. Hosmer, Stanley Lemeshow (1989)：*Applied Logistic Regression*, Wiley

●第9章：ニューラルネットワーク

[20]　麻生英樹, 津田宏治, 村田昇 (2003)：『パターン認識と学習の統計学』, 岩波書店

[21]　廣野元久 (2018)：『JMP による技術者のための多変量解析』,「第8章：判定器の創造規」, 日本規格協会

[22]　Jim W. Kay, D. M. Titterington (1999)：*Statistics and Neural Networks*, Oxford University Press

●第10章：ブートストラップ森

[23]　廣野元久 (2018)：『JMP による技術者のための多変量解析』,「第7章：交互作用の発見」, 日本規格協会

[24]　Leo Breiman, Jerome H. Friedman, Richard A. Olshen, Charles J. Stone (1984)：*Classification And Regresssion Trees*, Routledge

索　引

●著者紹介

廣野元久（ひろの　もとひさ）

　1984 年，㈱リコー入社．以来，社内の品質マネジメント・信頼性管理の業務，SQC の啓蒙普及に従事，品質本部 QM 推進室長，NA 事業部 SF 事業センター所長を経て，現在，㈱リコー　倫理審査委員会委員．

　東京理科大学工学部経営工学科　非常勤講師(1997〜1998 年)，慶應義塾大学総合政策学部　非常勤講師(2000〜2004 年)．

　主な専門分野は SQC，信頼性工学．主著に『グラフィカルモデリングの実際』(共著，日科技連出版社，1999 年)，『JMP による多変量データ活用術』(海文堂出版，2004 年)，『SEM 因果分析入門』(共著，日科技連出版社，2011 年)，『アンスコム的な数値例で学ぶ統計的方法 23 講』(共著，日科技連出版社，2013 年)，『目からウロコの統計学』(日科技連出版社，2017 年)，『JMP による技術者のための多変量解析』(日本規格協会，2018 年)，『目からウロコの多変量解析』(日科技連出版社，2019 年)など．

統計的機械学習ことはじめ
データ分析のセンスを磨くケーススタディと数値例

2021 年 9 月 28 日　　第 1 刷発行

著　者　廣野元久
発行人　戸羽節文

発行所　株式会社 **日科技連出版社**
〒151-0051　東京都渋谷区千駄ヶ谷 5-15-5
DS ビル
電　話　出版　03-5379-1244
営業　03-5379-1238

検　印
省　略

Printed in Japan

印刷・製本　東港出版印刷㈱

『目からウロコの統計学―データの溢れる
世界を生き抜く15の処方箋―』

廣野元久［著］
A5判，208頁

統計的な考え方で無自覚な思いグセをスッキリ解消

　統計学は文系・理系を問わず仕事を支える基盤となる技術であり，その役立つ領域は他の学問に比べて圧倒的に広い．その反面，データ分析に関する誤解・誤用が多く，統計学に対する情緒的なアレルギーも多い．われわれは無意識のうちに自身の経験や性格からくる思いグセで，事態をさらに悪化させているケースが多くある．

　そこで本書は，統計的な考え方を使って，この思いグセを解きほぐす方法を物語（全15話）にしてみた．できるだけ数式は使わずに統計的な考え方の道筋を示してある．

　かつてない着眼点から観た，まさに『目からウロコの統計学』!!!

【目次】

★日科技連出版社の図書案内は，ホームページでご覧いただけます．　●日科技連出版社
　URL　https://www.juse-p.co.jp/

『目からウロコの多変量解析—データ分析
の極意に迫る7つの処方箋—』

廣野元久［著］

A5判，216頁

AIや機械学習が定着しつつある今，多変量解析を見直そう

　多変量解析は単なる古典ではありません．
現象の説明や因果の探索に威力を発揮する
AI（機械学習など）と車の両輪です．コン
ピュータのパワーに恵まれ，ソフトウェアが充実した今日こそ，AI（機
械学習など）をよりよく使いこなすためにも多変量解析を学ぶ意義がま
すます高まってきました．

　そこで本書は，事例を通じた多変量解析の落とし穴とその処方箋を，
数理に深入りせず誰でも気楽に読み進められる物語に落とし込みました．
全6話からなる分析ストーリーでは多変量解析を知っている人にも楽し
める目からウロコな情報を織り込んでいます．

　かつてない着眼点から観た，まさに“目からウロコの多変量解析”！

【目次】

★日科技連出版社の図書案内は，ホームページでご覧いただけます．　●日科技連出版社
　URL　https://www.juse-p.co.jp/